U0338327

国家重点研发计划专项资助项目(2016YFC0600901)
国家重点基础研究发展(973计划)课题资助项目(2013CB227904)
国家自然科学基金项目(51574224)
河北省高等学校科学技术研究项目(Z2017045)
河北省省级科技计划自筹经费项目(16274108)
国家安监总局安全生产重大事故防治关键技术科技项目(zhishu-0012-2016AQ)
中央高校基本科研业务费资助项目(3142015087)

# 富水泥质软岩巷道围岩
# 稳定控制机理与实践

赵启峰　张　农　李桂臣　著

中国矿业大学出版社

## 内 容 提 要

本书介绍了富水泥质软岩巷道围岩属性,固流耦合物理模拟原理、材料及装置,水致巷道围岩变形破坏垮冒机理等一系列具有实用性的理论成果。同时,本书在富水泥质围岩不同地段失稳隐患等级程度分区基础上,从差异性分类控制总体思路、各项技术措施施工工艺及效果检验等方面入手,深入研究了富水泥质软岩巷道原位改性技术、交错间歇式注浆技术、井下三段铰接平顶式(多段弧形式)桁架支护技术,提出了新型桁锚索注耦合支护工艺,开发了一整套基于富水泥质围岩失稳隐患不同等级的差异性分类控制支护理论与工程技术体系。

本书可供从事采矿工程、岩土工程、工程地质等研究领域的工程技术人员、科研工作者及高等院校相关专业的师生参考使用。

### 图书在版编目(C I P)数据

富水泥质软岩巷道围岩稳定控制机理与实践 / 赵启峰,张农,李桂臣著. — 徐州:中国矿业大学出版社,2017.5

ISBN 978-7-5646-3552-7

Ⅰ.①富… Ⅱ.①赵…②张…③李… Ⅲ.①水泥—软岩巷道—巷道围岩—围岩控制 Ⅳ.①TD263.5

中国版本图书馆 CIP 数据核字(2017)第126949号

| | | |
|---|---|---|
| 书　　名 | 富水泥质软岩巷道围岩稳定控制机理与实践 | |
| 著　　者 | 赵启峰　张　农　李桂臣 | |
| 责任编辑 | 满建康　郭　玉 | |
| 出版发行 | 中国矿业大学出版社有限责任公司 | |
| | (江苏省徐州市解放南路　邮编 221008) | |
| 营销热线 | (0516)83885307　83884995 | |
| 出版服务 | (0516)83885767　83884920 | |
| 网　　址 | http://www.cumtp.com　E-mail:cumtpvip@cumtp.com | |
| 印　　刷 | 江苏凤凰数码印务有限公司 | |
| 开　　本 | 850×1168　1/32　印张 6.5　字数 169 千字 | |
| 版次印次 | 2017 年 5 月第 1 版　2017 年 5 月第 1 次印刷 | |
| 定　　价 | 32.00 元 | |

(图书出现印装质量问题,本社负责调换)

# 前　言

煤矿开采范围内的地层富含大量地下水,同时,煤系地层松散软弱、黏土类矿物含量高、裂隙水发育、易渗水泥化崩解,常诱发巷道强烈变形、承载结构失稳甚至垮冒事故。据统计,华北及两淮矿区 80％以上顶板灾害与裂隙含水岩层有关。该区域煤层顶板砂岩裂隙水丰富,常因巷道开掘,受扰动的地下水通过动态发育的裂隙侵入泥质岩体巷道工程,使得泥质围岩强度衰减、支护结构承载性能下降,诱发围岩大变形局部失稳,成为重大安全隐患。然而,由于水文地质环境、围岩类型、富水泥质巷道内部结构及其与支护体相互作用关系极为复杂,支护失效致灾机理及监控预警机制滞后于工程实践,亟须深入研究。

本书综合运用现场调研、文献检索、理论分析、室内测试、相似模拟和现场应用实测等多种研究方法,围绕富水泥质软岩巷道围岩失稳垮冒机理和控制技术两个关键问题,分别对富水泥质岩石微观结构及渗透性能测试、固流耦合相似材料及模拟试验装置研发、水致泥质围岩支护失效机理、锚固体-泥质岩体界面力学效应、富水泥质巷道失稳倾向性影响因素及监控指标、富水泥质围岩失稳差异性分类控制技术体系、典型矿井现场实践等问题开展了一系列研究和工程试验。

本书研究工作得到了华北科技学院王经明教授、田多副教授、刘玉德教授、梁育龙高工、王玉怀教授、连会青教授、张军副教授、石建军副教授、李学哲副教授、师皓宇讲师，淮北矿业股份有限公司芦岭煤矿周茂春矿长、黄仲文副总工程师、朱建副总工程师的大力支持和帮助，在此表示感谢。同时感谢中国矿业大学许兴亮副教授、郑西贵教授、阚甲广副教授、韩昌良讲师、钱德雨博士、郭玉博士、冯晓巍博士、潘东江博士、郭罡业博士、王洋博士、伍业伟硕士在室内测试、理论分析和数值模拟过程中提供的帮助。

由于研究成果逐步在现场工程开展应用，书中许多观点属探索研究成果，诸多理论和工程实践问题有待进一步深入探究。加之作者学识水平所限，书中难免存在不足之处，敬请读者不吝指正。

**作　者**

2017 年 2 月

# 目　　录

# 1 绪 论

## 1.1 研究背景

华北及两淮煤田,诸如开滦、冀中、两淮矿区所开采的煤田在能源工业中一直起着举足轻重的作用,但这一地区存在软岩富水区域,煤系地层围岩松散软弱、黏土类矿物含量高、裂隙水发育、易崩解渗水泥质,常诱发巷道锚固支护失效、承载结构失稳垮冒,水文及巷道失稳灾害时有发生[1]。据统计,华北及两淮煤田80％以上顶板灾害与裂隙含水岩层有关[2],如两淮潘谢矿区煤层顶板砂岩裂隙水丰富,常因巷道开掘,受扰动的地下水通过动态发育的裂隙侵入泥质岩体巷道工程,造成支护结构承载性能下降,锚固体锚固失效,发生围岩大变形导致局部失稳,造成重大安全隐患。基于大量理论知识和实践经验的积累,解决当下华北、两淮矿区富水泥质巷道锚固失效难题,揭示锚固失效机理、构建泥质巷道稳定性控制技术体系是解决问题的关键。但是,由于地质环境、围岩类型、富水泥质巷道内部结构及其与支护体相互作用关系极为复杂,锚固失效致灾机理及监控预警机制研究滞后于工程实践,亟须深入研究。

富水泥质软岩巷道的掘进与维护普遍存在难度大、安全性差等问题。砌碹、金属支架等属于被动支护,若仅依靠支护本身的强度,很难确保富水泥质巷道围岩整体稳定;作为主动支护的锚杆、锚索,因需锚固的对象岩体为破碎松散软弱岩体,围岩的可锚性较差,很难满足富水泥质软岩巷道的支护要求。工程实践表明,采用常规支护方式的富水泥质巷道常常处于前掘后卧、前支后修的状态,翻修率达到 70%～90%,多数巷道还需要多次返修、多次支护,有时维护费比正常掘进的成本还要高,造成巷道施工速度缓慢,支护成本成倍增加。淮北矿业(集团)有限责任公司芦岭煤矿和朱仙庄煤矿、皖北煤电集团有限责任公司祁东煤矿等在煤系地层富水区域内巷道掘进及回采工程实践中,均出现过不同程度的富水泥质巷道围岩承载结构失稳垮冒事故,严重威胁矿井安全生产,如图 1-1 所示。

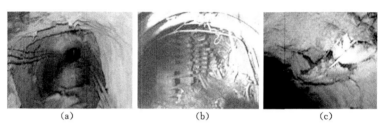

图 1-1　富水泥质巷道围岩渐变破坏与失稳垮冒实例
(a)祁东煤矿;(b)朱仙庄煤矿;(c)芦岭煤矿

　　研究富水泥质巷道岩性变异及固流耦合破坏机理,分析失稳垮冒致灾演化过程,构建失稳垮冒监控指标体系,是进行巷道失稳分级管控及实施分类控制的基础。目前在上述地区有针对性地开展裂隙水与泥质围岩耦合作用致灾机理及失稳监控定量化指标体系方面的研究工作还非常欠缺。通过研究,本书揭示固流耦合作用下富水泥质巷道渐变破坏机理,构建巷道稳定性分类控制技术体系,不仅能够丰富水致地下工程岩体破坏失稳现有研究成果,同时为开滦及两淮等矿区富水泥质巷道安全掘进及围岩稳定性控制提供理论基础和实践指导,具有重要的理论意义和实用价值。

## 1.2 国内外研究现状

### 1.2.1 泥质巷道围岩控制理论及支护技术

（1）国外研究现状

1952～1962 年，Panek 经过理论分析及实验室和现场测试，提出了锚杆的作用是将直接顶板悬吊到上覆坚硬岩层上，在软弱围岩中，锚杆的作用是将直接顶板的破碎岩石悬吊在其上部的自然平衡拱上，拱高可采用普氏的压力拱理论估算。1952 年，德国的 Jacobio 等发表了组合梁作用理论，其实质是通过锚杆的作用将叠合梁的岩层夹紧，增大层间的摩擦力，同时锚杆的抗剪阻力也阻止层间错动，从而将叠合梁转化为组合梁。组合梁理论较好地解释层状岩体锚杆的支护作用，但难以用于锚杆支护设计。根据组合梁作用原理，组合梁是保持岩体稳定的支护体，但组合梁的承载能力难以计算，组合梁形成和承载过程中，锚杆的作用难以确定。奥地利土木工程师 Rabcewicz、Moller 在 20 世纪 60 年代总结隧道建造实践经验的基础上创立了新奥法。随着现场监控测量与理论分析结合起来，发展成为一种适应地下工程特点和当时技术水平的新的设计方法——现场监控设计方法。20 世纪 70 年代，萨拉蒙等提出了能量支护理论，认为支护结构与围岩相互作用、共同变形，在变形过程中，围岩释放一部分能量，支护结构吸收一部分能量，但总的能量没有变化。因此，主张利用支护结构的特点，使支架自动调整围岩释放的能量和支护体吸收的能量，支护结构有自动释放多余能量的功能。20 世纪 70 年代初美国的 Lang 和 Pender 提出锚杆的拱形压缩带作用原理使巷道围岩中形成连续的压缩带，锚杆的作用是使围岩中产生一定厚度的压缩带承受围岩荷载的观点。锚杆的挤压连接体作用表现为两方面：一是利用锚杆将不稳定块体钉到深部稳定的围岩上;二是软岩巷道围岩常发生压剪破坏,破坏的岩体将沿最不利的滑移面滑动,锚杆就会起到防剪抗滑作用。1989～1990年加拿大的 Indraratna 和 Kaiser 采用模拟试验,分析了全长锚固锚杆与围岩的相互作用,建立了全锚锚杆的分析设计模型。它采用了均质岩性、圆形硐室、静水应力的弹塑性模型,通过提高围岩的内摩擦角和黏聚力来体现锚杆的锚固作用,按照简化的、线性的本构关系和 Hoke-Brown 破坏准则确定围岩的塑性区。澳大利亚 SCT 公司认为锚杆对巷道顶板施加轴向力使顶板处于三向应力状态,锚杆抵抗岩层沿层面滑移。20 世纪 60 年代在矿山建设中出现了软岩巷道支护问题,随着开采深度的增加,软岩巷道稳定性问题日益突出,得到了国外专家学者及工程技术人员的重视,在软岩支护理论方面取得了一些新的进展[3-4]。

（2）国内研究现状

我国煤矿软岩工程技术的发展起始于矿产资源开发工程。随着矿产资源的开发,软岩问题的出现,促进了各科研院所对这一问题的深入研究。我国学者在软岩巷道围岩控制的基础理论、软岩的岩性及工程地质条件分析、软岩巷道围岩变形力学机制、软岩巷道围岩控制、软岩巷道支护设计与工艺及施工和监测方面等进行了试验研究,取得多方面的科研成果;在软岩巷道掘进、支护施工机具研制方面也做了卓有成效的工作。深井高应力软岩的普遍出现,更加推动了煤炭系统软岩研究向纵深层次发展,产生并形成了以"联合支护理论"和"松动圈理论"为代表的多个学派。

在软岩工程技术的理论研究方面,取得了以下几方面的进展:软岩概念的清晰化,提出了地质软岩和工程软岩的概念;按照工程软岩的定义,根据产生塑性变形的机理不同,将软岩分为四类,即膨胀性软岩(或称低强度软岩)、高应力软岩、节理化软岩和复合型软岩。在此基础上，又对各类软岩进行了分级，提出软岩的工程特性和力学属性，指出软岩具有两个工程特性，软化临界荷载和软化临界深度；软岩具有五个力学属性，可塑性、膨胀性、崩解性、流变性和易扰动性。对于几百米甚至上千米深度的煤矿软岩巷道，其支护荷载的确定一直是一大难题。通过科研攻关，该问题已经基本解决，为定量化设计提供了可靠数据。在泥质软岩巷道围岩控制方面，主要形成以下几种具有代表性的控制分析理论：轴变理论和系统开挖理论、联合支护理论、锚喷-弧板支护理论、关键部位耦合组合支护理论、围岩松动圈理论、定量的控制分析理论等[5-6]。

## 1.2.2　锚固失效致灾机理

国内外诸多专家学者对特定水文地质条件下的锚固失效致灾机理进行了深入研究，取得了一系列成果。

Cundall[7]进行室内不同含水量岩石单轴、三轴和流变试验及弹塑性三维可视化数值仿真模拟。Sofianos[8]采用离散元研究了锚杆支护巷道顶板变形破坏过程和失稳垮冒耦合机理。郑春梅[9]研究了裂隙岩体渗流场与应力场相互作用机理及水岩耦合特性。赵阳升等[10]研究了多孔介质多场耦合作用机理，构建裂隙介质固流耦合数学模型。胡耀青等[11]建立三维固流耦合数学模型，推导固流耦合相似模拟准则。武强等[12]基于固流耦合理论，提出弹塑性应变-渗流耦合、流变-渗流耦合及变参数流变-渗流耦合评价模型。康红普等[13]研究了不同模拟淋水量下锚杆拉拔力，得出淋水量与锚杆拉拔力关系。张农等[14-15]研究风化富水顶板裂隙水渗流诱发支护失效、局部失稳冒顶事故机理。王志清等[16]采用数值方法研究岩层裂隙水软化岩石和降低锚固力对巷道失稳的影响。薛亚东等[17]通过锚固试验研究得出巷道裂隙水冲溃锚固剂，降低锚固强度，导致局部失稳。张盛等[18]进行巷道顶板不同淋水量下树脂锚杆锚固力试验。王成等[19]通过典型试样崩解和风化试验，研究渗水泥质巷道变形规律及锚固性能。许兴亮等[20]研究了富水巷道变形特征，总结水致巷道失稳垮冒机制。勾攀峰等[21]进行了软岩巷道顶板砂岩含水可锚性试验。

### 1.2.3　锚固失效影响因素及围岩失稳判据

在锚固失效影响因素及围岩局部失稳判据研究方面，国内专家学者和现场技术人员也开展了大量研究工作。冯增朝等[22]采用数值模拟逐级增加裂隙研究裂隙尺度对变形与破坏的控制作用，将高层次缺陷作为失稳分级判据。胡滨等[23]得出顶板含水、胶结性差、富含蒙脱石是造成风水沟煤矿顶板水软岩巷道破坏的主因。李英勇等[24]通过现场卸载试验及数值模拟手段将围岩塑性区扩展及锚杆失效数量作为失稳隐患分级的标准。郑西贵[25]分析了岩体锚固段黏结应力分布特征，解释了逐层脱黏累次破坏现象，提出了渐次脱锚判据，构建了局部失稳风险分级评价指标体系。王卫军等[26]指出软弱厚层直接顶板锚索孔施工过程中的变形和安装过程对锚固剂的破坏是导致巷道局部失稳的主因，并可作为局部失稳分级评价的指标。贾明魁[27-28]提出了以巷道冒顶控制为目标的新的锚杆支护煤巷冒顶成因分类标准及方法，把冒顶成因分成四大类（岩层组合劣化型、岩层结构缺陷型、应力突变型和施工不良型）。刘洪涛等[29]采用稳定岩层高度进行巷道冒顶高风险区域识别。蒋力帅等[30]采用 UDEC 数值模拟研究了端锚锚杆、普通低延伸率锚索组合拱易发生支护失效并存在冒顶隐患，并以锚索变形状态进行顶板失稳垮冒风险分级，对不同隐患进行了支护安全性评估。李术才等[31]针对锚杆体的拉断破坏和滑脱失效，采用莫尔-库仑准则对灌浆体强度进行判断，将支护失效判据及程序计算收敛判据与室内试验对比。李桂臣等[32]研究围岩渗流场演化规律和富水巷道变形特征，并利用层次分析法建立了泥质巷道安全性评判方法和判定程序。

总之,国内外研究成果和发展动态表明:① 裂隙水渗流导致软岩巷道渐变破坏失稳机理领域已取得较为丰富的研究成果,但由于富水泥质地质变异区域巷道围岩渐变破坏特征及局部失稳垮冒均存在显著差异性,因此现有常规意义上的软岩失稳机理、裂隙水渗流导致支护失效机制已不能完全指导富水区域泥质巷道安全稳定性控制实践。② 专家学者大多采用室内物理模拟手段研究富水泥质巷道围岩变形破坏失稳机理,但传统的固体材料物理模拟虽能宏观模拟围岩裂缝扩展、贯通过程,却无法实现裂隙水致围岩失稳垮冒的固流耦合模拟,分析结果与水致泥质围岩渐变破坏失稳垮冒的内在机制不符。③ 地质条件恶劣区域现有巷道失稳垮冒评价指标过于单一、失稳倾向性分级管控针对性不强。上述研究手段的局限性成为制约该领域研究进展的主要瓶颈。

# 1.3 研究的作用和意义

我国华北、两淮矿区一直是煤矿资源开采的传统基地,在历来开采过程中,矿井巷道水文地质条件复杂、煤系地层松散软弱、裂隙水发育、易崩解渗水泥质,因富水泥质巷道锚固失效而导致的支护承载结构失稳垮冒的危害日趋加剧。开滦(集团)有限责任公司林南仓矿、淮北矿业(集团)有限责任公司芦岭矿等均属于软弱围岩富水难支护矿井,在巷道掘进及回采过程中,都出现过不同程度的锚固失效围岩冒顶事故,严重威胁着矿井安全生产。目前在该地区有针对性地开展富水区域泥质巷道锚固失效机理研究的固流耦合试验工作还非常欠缺,因支护失效导致的围岩失稳监控指标体系亟须建立。本书以两淮矿区富水泥质巷道锚固失效为研究对象,在泥质巷道围岩渗流性能参数测试的基础上,采用水岩动力学、渗流力学、界面力学研究富水泥质巷道锚杆、锚固剂、孔壁泥质围岩三者界面力学特征,利用自制的固流耦合相似模拟装置,针对掘巷扰动裂隙发育及裂隙水渗流互馈作用、富水泥质巷道锚固失效致灾机理、锚固失效突变致灾节点判据等开展基础科学研究,为两淮及华北矿区泥质巷道支护失效致灾预警、前置性处置渗流泥质巷道围岩失稳灾害提供理论基础和决策依据,对于煤矿巷道围岩控制及安全高效掘进具有理论价值和实践指导意义。

# 1.4　主要研究内容和研究方法

## 1.4.1　研究内容

(1)富水泥质巷道岩体渗透性参数测定

在研究区域典型矿井选取泥质巷道顶板钻取岩芯,利用渗流应力耦合三轴试验系统,进行泥质岩体渗透特性室内试验,获取不同富水泥质巷道岩体渗流参数,为揭示巷道围岩渗透特性的动态演化规律提供基础数据。

(2)围岩裂隙通道与裂隙水渗流固流耦合互馈机理

研制固流耦合相似材料,改造固体模拟试验装置(自动注水,水压流量可控),采用该装置建立相似模型,研究采掘扰动裂隙发育及裂隙水渗流互馈机理。

(3)富水泥质巷道锚固失效致灾机理

根据水岩动力学、岩体渗流力学研究锚杆、锚固剂、孔壁泥质岩体三者界面力学特征,细观揭示接触面对应力传递及锚固失效的影响。研究支护失效塑性区发育面积、锚杆受力及围岩变形规律,为后续确定失稳倾向性监控指标提供依据。

(4)富水泥质巷道局部失稳判据及监控指标研究

综合考虑巷道围岩条件、支护体工作状态、掘进与管理水平等影响因素,利用层次分析法研究富水泥质巷道失稳倾向性指标权重,并进行巷道失稳倾向性主导因素排序,为制定富水泥质巷道稳定性控制技术方案提供理论依据。

(5)富水泥质巷道分区域差异性分类控制技术体系

针对富水泥质巷道锚固失效重大技术难题,构建以"锚杆桁架"组合支护技术、注浆锚索补强关键技术、"外喷内注"原位改性围岩控制技术为主的分区域差异性分类控制技术体系。

## 1.4.2 技术路线及研究方法

在分析已有研究成果的基础上,选择开滦、冀中矿区重点研究区域,利用已有的地质水文、开采资料,现场采集软岩富水区域顶板试样,从围岩岩性和裂隙水渗流着手,对富水泥质巷道围岩破裂力学机理和裂隙水运移规律开展深入研究,分析软岩富水区域支护失效与裂隙水渗流互馈关系,得出富水区域巷道支护失效发生的控制因素和关键节点,继而构建富水泥质巷道失稳倾向性监控指标体系,为泥质巷道支护失效致灾预警及防治提供基础。技术路线见图 1-2。

(1)资料收集分析。选取富水泥质区域典型巷道围岩为试验背景,充分利用已有钻孔资料、工程实际揭露资料,研究软岩富水围岩岩性、水文地质特征在空间上的赋存特征、组合规律,为后续研究提供基础。

(2)室内力学试验和相似模拟试验。采集研究区域顶板富水区域试样,进行室内试验,对常规力学参数和岩石渗流参数进行测试。根据相似理论,配制固流耦合相似模拟材料,在此基础上,设计相似模拟试验,模拟研究富水区域巷道围岩变形破坏过程及局部失稳影响因素,为构建富水泥质软岩巷道稳定性控制关键技术体系提供基础。

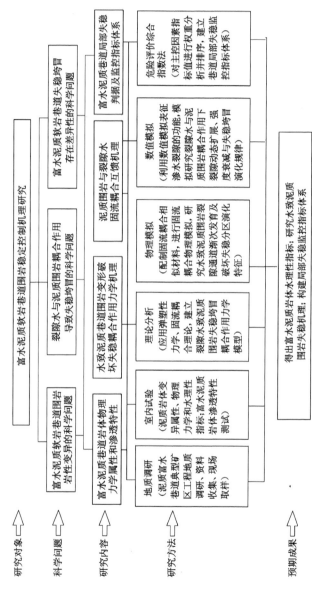

图1-2 技术路线图

（3）理论分析与数学建模。应用力学理论研究锚杆、锚固剂与渗流泥质围岩相互作用机理，从宏观与微观层面揭示固液接触面力学性质对应力传递的影响。

# 1.5　预期研究成果

围绕"煤矿富水泥质软岩巷道围岩失稳垮冒"这一科学问题，将支护失效机理同泥质围岩属性与裂隙水相结合，采用理论分析、固流耦合相似模拟及现场实测的综合研究手段，基于新研制的防水型相似模拟材料和富水泥质围岩固流耦合试验装置，系统研究了富水泥质软岩巷道围岩变形破坏规律及失稳垮冒发生机理，理论研究成果在典型富水泥质软岩巷道围岩稳定性控制工程实践中进行了应用。取得如下研究成果：

（1）研制具有良好抗渗性、非亲水性、低强度（0.1～0.5 MPa）的石蜡基（5%～8%）固流耦合相似模拟材料，以满足富水泥质围岩固流耦合相似模型试验要求。

（2）设计并制造富水泥质围岩固流耦合相似模拟试验装置，为研究富水泥质软岩巷道围岩裂隙演化及局部失稳影响因素定量分析提供了基础试验平台。

（3）研制巷道顶板离层模拟试验监测装置，以实现对富水泥质围岩固流耦合相似模拟巷道开挖顶板离层的实时精准监测，为潜在失稳富水泥质软岩巷道离层突变失稳判据及合理补强支护时机的确定提供试验条件。

（4）应用上述相似材料和试验装置，开展典型矿井富水泥质软岩巷道变形失稳及顶板离层相似模拟试验，研究富水泥质软岩巷道顶板离层渐进发育至突变致灾演化全过程并提出离层安全临界值节点判据。

（5）进行锚固体-泥质围岩界面力学分析，研究锚固体-泥质围岩界面应力分布特征和离层位置对锚固体长时稳定的影响规律。

（6）利用层次分析法（AHP）研究富水泥质软岩巷道失稳倾向性影响因素，并进行巷道失稳倾向性主导因素排序。

（7）结合典型矿井富水泥质围岩工程地质水文条件，对该类巷道的失稳机理进行系统分析，进行典型富水泥质软岩巷道不同区域围岩类型划分。

（8）针对富水泥质软岩巷道锚固失效重大技术难题，构建分区域差异性分类控制技术体系。

（9）在围岩差异性分类基础上，实施分类控制对策，并进行工业性实践效果检验。

# 2 富水泥质岩石微观结构及渗透性参数测试

## 2.1 岩石物理力学参数测试

### 2.1.1 取样

试样取自芦岭煤矿二水平采区上山,取样岩性为顶板泥岩、砂岩,对其进行物理力学性质的测定。主要测定内容如下:

(1)力学性质:岩石的单向抗压强度、抗拉强度、抗剪强度、弹性模量、变形模量、泊松比、黏聚力、内摩擦角等。

(2)物理性质:岩石的容重、比重、孔隙率、吸水性、膨胀性等。

岩石试样的采样应按照《煤和岩石物理力学性质测定的采样一般规定》的规定执行,需注意以下几点:

(1)在采样过程中,应使试样原有的结构和状态尽可能不受破坏,以便最大限度地保持试样原有的物理力学性质。

(2)试样要按岩性采取,每组试样必须具有代表性。

(3)所采试样的长度和数量应满足所做力学试验的要求。根据试验项目,按《煤和岩石物理力学性质测定方法》的规定执行或根据实际取样情况决定。考虑到试样加工时的损耗或其他因素,在取样条件许可时,采样数量应为上述规定有效长度的两倍采样,对于较软岩石采样数量还多一些。

（4）试样取出后应立即封闭包好，以免受外部环境影响。

## 2.1.2　试样加工与测定

试样加工与测定遵照《煤和岩石物理力学性质测定方法》的规定执行。试样通过实验室加工制成《煤和岩石物理力学性质测定方法》中所要求的标准试样。试样尺寸及数量根据试验项目按《煤和岩石物理力学性质测定方法》的规定执行或根据实际取样情况决定。试验所需主要设备、仪器有：岩芯钻取机，岩石切片机，双端面岩石磨平机，岩石力学测试系统，岩石粉碎机，精密分析天平；恒温干燥箱，恒温电水浴器，50～100 mL李氏比重瓶若干只。

（1）单轴抗压、劈裂试验试样加工

把现场岩芯加工成 $\phi$50 mm 岩芯，然后用 DQ 自动岩石锯石机按照 100 mm 和 25 mm 长度切割试样，最后用 SHM 双端面岩石磨石机使试样两端光滑平整。研磨时要求试样两端面不平行度不得大于 0.01 mm，上下端直径偏差不得大于 0.02 mm。

（2）抗剪强度测定试验试样加工

利用 DQ 自动岩石切片机按照 50 mm 长度把试样切割成 50 mm×50 mm×50 mm 的立方体，最后用 SHM 双端面岩石磨石机使试样六面光滑平整。研磨时要求试样两端面不平行度不得大于 0.01 mm，上下端长度偏差不得大于 0.02 mm。部分设备见图2-1，加工完成的部分岩石试样见图2-2。

## 2.1.3　试验系统及测试结果

### 2.1.3.1　单轴抗压强度试验

（1）主要仪器、设备。

加载设备：TAW-2000 型电液伺服三轴试验机，见图 2-3。

(a)                    (b)

图 2-1  岩样加工设备

(a) DQ-4A 型切片机;(b) SHM-200 型磨石机

图 2-2  加工完成的部分岩石试样

图 2-3  TAW-2000 型电液伺服三轴试验机

记录设备:200 吨压力动态记录系统,高精度(50×100)cm 应变监测仪,见图 2-4。

图 2-4　岩石的应变监测仪

数据处理设备:联想计算机及相应的绘图机、打印机。

(2) 单轴抗压强度计算公式如下:

$$\sigma_c = P_{\max} / A$$

式中　$\sigma_c$——岩石单轴抗压强度,MPa;

$P_{\max}$——岩石试样最大破坏载荷,N;

$A$——试样受压面积,$mm^2$。

(3) 弹性模量 $E$、泊松比 $\mu$ 计算公式如下:

$$E = \sigma_{c(50)} / \varepsilon_{h(50)}$$

$$\mu = \varepsilon_{d(50)} / \varepsilon_{h(50)}$$

式中　$E$——试样弹性模量,GPa;

$\sigma_{c(50)}$——试样单轴抗压强度的 50%,MPa;

$\varepsilon_{h(50)}$,$\varepsilon_{d(50)}$——$\sigma_{c(50)}$ 处对应的轴向压缩应变和径向拉伸
应变;

$\mu$——泊松比。

(4) 单轴压缩及变形试验结果和曲线见图 2-5～图 2-7;试样

试验前后的照片见图 2-8。

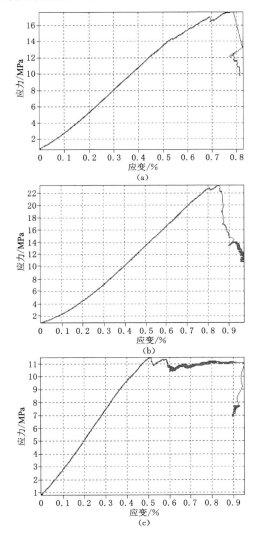

图 2-5 顶板 0～5.5 m 层位岩石试样应力-应变曲线

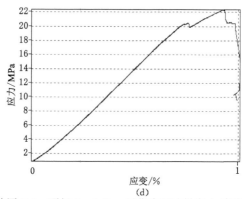

续图 2-5　顶板 0～5.5 m 层位岩石试样应力-应变曲线

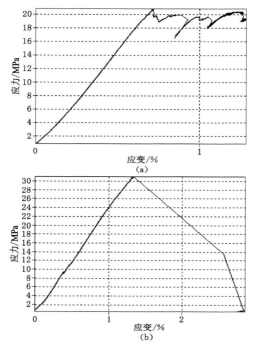

图 2-6　顶板 5.5～10.5 m 层位岩石试样应力-应变曲线

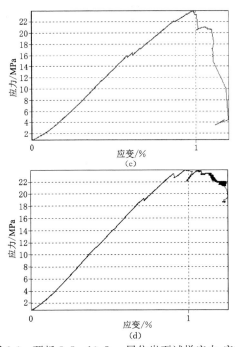

续图 2-6　顶板 5.5～10.5 m 层位岩石试样应力-应变曲线

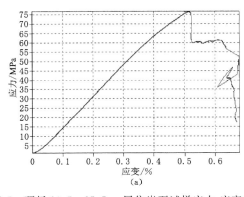

图 2-7　顶板 10.5～15.5 m 层位岩石试样应力-应变曲线

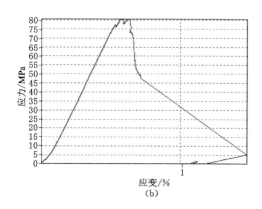

（b）

续图 2-7　顶板 10.5～15.5 m 层位岩石试样应力-应变曲线

（a）　　　　　　　　　　　　（b）

图 2-8　试样试验前后

（a）试验前；（b）试验后

　　剔除离散性较大的数据，求得各类岩石和煤的强度和变形参数的平均值如下：顶板 0～5.5 m 层位，单轴抗压强度 $\sigma_c = 22.4$ MPa，泊松比 $\mu = 0.37$，弹性模量 $E = 2.7$ GPa；顶板 5.5～10.5 m 层位，单轴抗压强度 $\sigma_c = 28.2$ MPa，泊松比 $\mu = 0.40$，弹性模量 $E = 2.8$ GPa；顶板 10.5～15.5 m 层位，单轴抗压强度 $\sigma_c = 74.4$ MPa，泊松比 $\mu = 0.21$，弹性模量 $E = 16.04$ GPa。

### 2.1.3.2　岩石劈裂试验

　　（1）加载设备：TAW-2000 型电液伺服三轴试验机。抗拉试验夹具见图 2-9。劈裂试验后的试样见图 2-10。

图 2-9　抗拉试验夹具

图 2-10　劈裂试验试样

（2）岩石劈裂试验计算公式如下：

$$\sigma_t = 2P_{max}(\pi DH)$$

式中　$\sigma_t$——岩石抗拉强度，MPa；

　　　$P_{max}$——破坏载荷，N；

　　　$D, H$——试样的直径（宽度）和高度，mm。

（3）剔除离散性较大的数据，求得顶板不同层位岩石抗拉强度的平均值如下：顶板 0～5.5 m 层位，抗拉强度 $\sigma_t = 1.3$ MPa；顶板 5.5～10.5 m 层位，抗拉强度 $\sigma_t = 2.7$ MPa；顶板 10.5～15.5 m 层位，抗拉强度 $\sigma_t = 8.1$ MPa。

2.1.3.3 岩石抗剪强度测定试验

（1）主要仪器设备见图 2-11。

加载设备：YAD-2000 型微机控制电液伺服岩石压力试验机。

可变角剪切试样夹具 1 套（20°、30°、40°、50°、60°、70°）。

图 2-11　YAD-2000 型微机控制电液伺服岩石压力试验机和夹具

数据处理设备：联想电脑及激光打印机。

（2）抗剪强度计算公式如下：

$$\sigma = P\sin\alpha/A$$
$$\tau = P\cos\alpha/A$$

式中　$\sigma$——正应力，MPa；

　　　$\tau$——抗剪强度，MPa；

　　　$P$——试样最大破坏荷载，N；

　　　$\alpha$——夹具剪切角，(°)；

　　　$A$——试样剪切面积，mm$^2$。

（3）根据不同剪切角下的试验均值，计算出黏聚力 $C$ 和内摩擦角 $\varphi$。

（4）岩石剪切强度结果见表 2-1～表 2-3，岩石剪应力与正应力的关系曲线见图 2-12～图 2-14。

# 2 富水泥质岩石微观结构及渗透性参数测试

表 2-1　　　　　　顶板 0～5.5 m 层位试样抗剪强度

| 岩性 | 编号 | 角度 /(°) | 平均宽度 /mm | 平均长度 /mm | 最大载荷 /N | 正应力 /MPa | 剪应力 /MPa |
|---|---|---|---|---|---|---|---|
| 顶板 | D2-1 | 40 | 49.6 | 50.1 | 112 420 | 34.6 | 29.1 |
| 0～5.5 m | D2-2 | 50 | 50.4 | 50.3 | 60 150 | 15.3 | 18.2 |
| 层位,泥岩 | D2-3 | 60 | 49.6 | 50.1 | 34 080 | 6.9 | 11.9 |

表 2-2　　　　　　顶板 5.5～10.5 m 层位试样抗剪强度

| 岩性 | 编号 | 角度 /(°) | 平均宽度 /mm | 平均长度 /mm | 最大载荷 /N | 正应力 /MPa | 剪应力 /MPa |
|---|---|---|---|---|---|---|---|
| 顶板 | D1-1 | 40 | 49.6 | 50.2 | 126 640 | 33.9 | 39.7 |
| 5.5～10.5 m | D1-2 | 50 | 50.6 | 50.2 | 92 980 | 18.6 | 33.1 |
| 层位,泥岩 | D1-3 | 60 | 50.0 | 50.1 | 58 100 | 5.6 | 15.1 |

表 2-3　　　　　　顶板 10.5～15.5 m 层位试样抗剪强度

| 岩性 | 编号 | 角度 /(°) | 平均宽度 /mm | 平均长度 /mm | 最大载荷 /N | 正应力 /MPa | 剪应力 /MPa |
|---|---|---|---|---|---|---|---|
| 顶板 | D3-1 | 50 | 49.8 | 50.5 | 370 190 | 94.6 | 112.7 |
| 10.5～15.5 m | D3-2 | 60 | 50.2 | 49.9 | 160 040 | 32.0 | 55.4 |
| 层位,泥岩 | D3-3 | 70 | 49.9 | 50.1 | 40 440 | 5.5 | 15.2 |

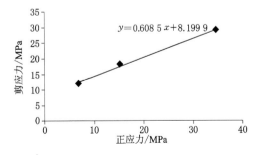

图 2-12　试样剪应力与正应力关系曲线(顶板 0～5.5 m 层位)

顶板 0～5.5 m 层位岩石黏聚力 $C＝8.2$ MPa,内摩擦角 $\varphi＝31.3°$

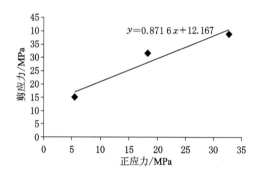

图 2-13 试样剪应力与正应力关系曲线（顶板 5.5～10.5 m 层位）

顶板 5.5～10.5 m 层位试样黏聚力 $C=12.2$ MPa，内摩擦角 $\varphi=41.1°$

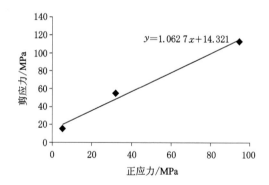

图 2-14 试样剪应力与正应力关系曲线（顶板 10.5～15.5 m 层位）

顶板 10.5～15.5 m 层位试样黏聚力 $C=14.3$ MPa，内摩擦角 $\varphi=46.7°$

### 2.1.3.4 测试结论

芦岭煤矿典型富水泥质岩石力学性质参数汇总见表 2-4。

表 2-4　　典型富水泥质岩石物理力学性质试验汇总表

| 岩性 | 劈裂试验 | 单轴压缩试验 | | | 变角剪切试验 | | 备注 |
|---|---|---|---|---|---|---|---|
| | 抗拉强度 $\sigma_t$/MPa | 抗压强度 $\sigma_c$/MPa | 弹性模量 $E$/GPa | 泊松比 $\mu$ | 黏聚力 $C$/MPa | 内摩擦角 $\varphi$/(°) | |
| 顶板 0～5.5 m 层位,泥岩 | 1.3 | 22.4 | 2.7 | 0.37 | 8.2 | 31.3 | |
| 顶板 5.5～10.5 m 层位,泥岩 | 2.7 | 28.2 | 2.8 | 0.40 | 12.2 | 41.1 | |
| 顶板 10.5～15.5 m 层位,砂岩 | 8.1 | 74.4 | 16.04 | 0.21 | 14.3 | 46.7 | |

# 2.2　岩石微观组分测试

## 2.2.1　测试仪器及测试过程

（1）试验目的:岩石组成材料定量化分析,结合本岩层巷道富水泥质地质环境,分析组成成分对水文地质环境的适应性及其对泥质围岩变形的影响。

（2）试验设备:ADVANT′XP＋型 X 射线荧光光谱仪,见图 2-15。

（3）试验原理:作为黏土矿物的 X 射线分析方法,广泛采用 X 射线粉末法。它具有自动化、方便、精度高的特点。X 射线衍射仪原理基于焦点法,用 X 射线衍射仪观察主要黏土矿物粉末的反射波结果,波峰的高度用 $d$ 值表示。根据标准物质粉末峰的 $d$ 值进

图 2-15　X 射线荧光光谱仪

行内插,求得未知物质各粉末峰的 $d$ 值。

(4)试样的制备方法:本试验对岩石试样无特殊要求,取自其他试验完成后的小块即可,本试验所用试样取自芦岭煤矿富水泥质巷道(二水平采区上山)顶板层位。

(5)试验结果及分析:

① 图 2-16、图 2-17 是应用 X 射线衍射方法分析芦岭煤矿富水泥质巷道(二水平采区上山)顶板岩石矿物种类和含量振幅图。

② 图 2-18、图 2-19 为芦岭煤矿富水泥质巷道岩石黏土矿物总含量 X 衍射图。

### 2.2.2　X 光衍射结果分析

(1)从图 2-16～图 2-19 可知:不同矿物晶体衍射强度表明,衍射强度波形相似、连续性较好,试样矿物种类大体一致,根据波峰 $d$ 值标准矿物参照结果显示,芦岭煤矿富水泥质巷道顶板岩石所含矿物包括非黏土矿物石英、方解石、黄铁矿、菱铁矿、角闪石,黏土矿物伊利石、高岭石、伊蒙混层。虽然衍射强度较大的石英含量最多,却由于黏土矿物含量占矿物总含量的60%以上,所以岩

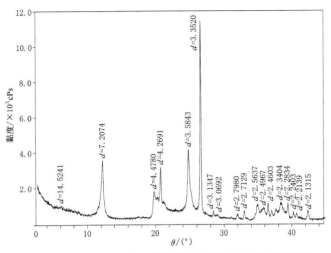

图 2-16 芦岭煤矿富水泥质巷道矿物种类和含量 X 衍射图
（顶板 4.5～5.5 m 试样）

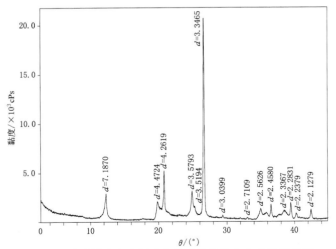

图 2-17 芦岭煤矿富水泥质巷道矿物种类和含量 X 衍射图
（顶板 10.5～11.5 m 试样）

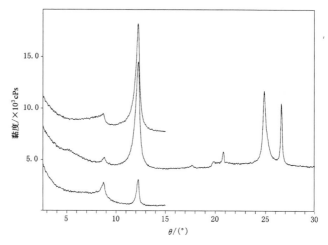

图 2-18 芦岭煤矿富水泥质巷道黏土矿物总含量 X 衍射图

（顶板 4.5～5.5 m 试样）

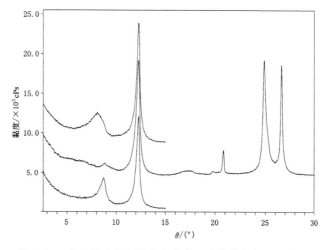

图 2-19 芦岭煤矿富水泥质巷道黏土矿物总含量 X 衍射图

（顶板 10.5～11.5 m 试样）

石表现为易风化、易膨胀、易脆性碎粒破坏。

（2）从表 2-5 可知：5.5 m 以下顶板黏土矿物含量比 10.5～11.5 m 顶板岩石黏土矿物含量高，前者高达 68%，后者为 63%，一般岩石黏土矿物含量在 10% 以内，最高达到 60%，可见芦岭煤矿富水泥质顶板岩石黏土矿物含量较高，抵抗风、水及其他化学环境侵蚀的能力较差，对岩石的整体长期稳定不利，黏土矿物主要是伊利石、高岭石，具有遇水、风化的层间断裂破坏特性。

表 2-5　　　　　　　矿物 X 射线衍射分析报告

| 分析号 | 原编号 | 层位/m | 矿物种类和含量/% | | | | | | | 黏土矿物总量/% |
| | | | 石英 | 长石 | 斜长石 | 方解石 | 黄铁矿 | 菱铁矿 | 角闪石 | |
|---|---|---|---|---|---|---|---|---|---|---|
| J1 | 芦岭煤矿富水泥质巷道 | 4.5～5.5 m | 25.5 | — | | — | 3.8 | 2.1 | — | 68.6 |
| J2 | 芦岭煤矿富水泥质巷道 | 10.5～11.5 m | 34.0 | — | | 0.8 | 1.0 | 0.8 | — | 63.4 |

（3）从表 2-6 可知：5.5 m 以下顶板黏土矿物中伊蒙混层明显高于 5.5 m 以上顶板，可见芦岭煤矿富水泥质岩层为顶板 5.5 m 以内岩层，即巷道开掘影响范围内的顶板岩层属明显的膨胀性软岩。

表 2-6　　　　黏土矿物 X 射线衍射分析报告

| 分析号 | 原编号 | 层位/m | 黏土矿物相对含量/% | | | | | 混层比/%S | | 备注 |
| | | | S | I/S | I | K | C | C/S | I/S | C/S | |
|---|---|---|---|---|---|---|---|---|---|---|---|
| ZJ1 | 芦岭煤矿富水泥质巷道 | 4.5～5.5 m | 21 | 4 | 5 | | | 40 | | |
| J2 | 芦岭煤矿富水泥质巷道 | 10.5～11.5 m | 28 | 3 | 9 | | | 35 | | |

注：S 表示蒙皂石，I 表示伊利石，K 表示高岭石，C 表示绿泥石，I/S 表示伊利石、蒙皂石混层，C/S 表示绿泥石、蒙皂石混层。

# 2.3　岩石结构类型测定

## 2.3.1　测试仪器及过程

（1）试验目的

岩石的结构是指岩石中矿物（及岩屑）颗粒相互之间的关系，包括颗粒的大小、形状、排列、结构连接特点及岩石中的微结构面（即内部缺陷）。其中，结构连接和岩石中的微结构面对岩石工程影响最大。本试验目的在于通过高倍扫描电镜观测岩石的微观结构面及连接类型，进而判断岩体本身力学性质的稳定性和对环境的适应性，为巷道的开挖、支护提供科学依据和建议。

（2）试验仪器

本试验仪器包括进口高倍扫描电镜、图形采集及处理系统，见图 2-20。

图 2-20　扫描电镜及图像处理系统

（3）试样规格及数量

本试验对岩石试样无特殊要求，取自其他试验完成后的小块即可，采用芦岭煤矿富水泥质巷道 4.5～5.5 m 和 10.5～11.5 m 层位小块岩石。

### 2.3.2 电镜扫描测试结果分析

（1）芦岭煤矿富水泥质巷道 0～5.5 m 层位试样分析

芦岭煤矿富水泥质巷道 0～5.5 m 层位试样扫描电镜微观结构图像见图 2-21。由图可见：本层位岩石微裂隙发育，对整体结构及强度影响较大。岩石粒间结构属胶结连接，连接强度较弱。整体属层状构造，连通性较好，由黏土矿物及部分黑色机质充填粒间及层间空隙。结合矿物组成及黏土矿物含量可知，本层岩石属软弱页岩，强度低、硬度小、结构完整性较差，在施工及支护中要注意水的侵蚀、溶解破坏。

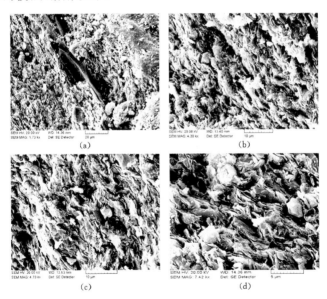

图 2-21　芦岭煤矿富水泥质巷道试样扫描
电镜微观结构（顶板 0～5.5 m 层位）

（a）1 730 倍；（b）4 300 倍；（c）4 780 倍；（d）7 420 倍

（2）芦岭煤矿富水泥质巷道 10.5～11.5 m 层位试样分析

芦岭煤矿富水泥质巷道 10.5～11.5 m 层位试样扫描电镜微观结构图像见图 2-22。由图可知：矿物粒间为胶结连接，整体属层状结构，粒间及层间充填有云母、伊利石、蒙皂石及伊蒙混层等黏土矿物，层间连通性较差，粒间空隙发育，容易产生局部层间错动或碎粒状破坏。由于黏土矿物含量高达 60% 以上，本层岩性属软质页岩，强度低、质地软，对环境的适应性不强，在施工及支护中注意控制变形及围岩的封闭。

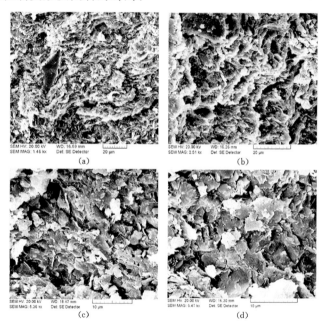

图 2-22　芦岭煤矿富水泥质巷道试样扫描电镜微观结构

（顶板 10.5～11.5 m 层位）

(a) 1 460 倍；(b) 2 510 倍；(c) 5 360 倍；(d) 6 470 倍

芦岭煤矿富水泥质巷道顶板岩样扫描电镜图像微观结构描述

见表 2-7。由以上微观结构分析可知,芦岭煤矿富水泥质巷道顶板多为页岩、泥岩,局部有软质黑砂岩,层理结构明显、强度较低,黏土矿物在矿物颗粒及片状层理间充填较多,层间连接力较弱,遇水会产生分解、膨胀。在巷道支护中,要注意水的影响,并在合理设计支护强度的条件下保持连续可控变形。

**表 2-7 芦岭煤矿富水泥质巷道顶板试样扫描电镜图像微观结构描述**

| 原编号 | 层位/m | 分析内容 | 放大倍数 |
|---|---|---|---|
| 二水平采区上山顶板 | 0~5.5 | 片状黏土主要为蒙皂石和 I/S 混层 | 4 780 |
| | | 黏土层间孔隙 1~3 $\mu$m,连通较好 | 4 300 |
| | | 黏土间黑色块状有机质 | 1 730 |
| | | 片状黏土间夹有粒状黏土 | 7 420 |
| 二水平采区上山顶板 | 10.5~11.5 | 粒间片曲状云母片 | 5 360 |
| | | 粒间自生钠长石晶体 | 2 510 |
| | | 粒间片絮状蒙皂石和 I/S 混层 | 6 470 |

# 2.4 试样不同应力阶段导入裂隙水的渗透性试验

为了研究巷道围岩空间不同位置裂隙发育情况(渗流场的发育情况)和不同应力阶段遇水弱化程度,特设计煤系砂岩典型应力阶段的渗透性与强度弱化试验,通过试验所获得的应力-应变关系和应变-渗透性关系对比曲线,可以直观地反映出岩石在变形破坏全过程中的渗透性变化和水的弱化效应。本试验目的在于研究巷道围岩不同应力应变阶段遇水后强度弱化规律及变形过程渗透性变化。

试验设计思路:根据无水常规状态下砂岩试验全应力-应变关

系曲线,选取该曲线典型变形阶段(弹性阶段、塑性屈服阶段、应变软化阶段、残余强度阶段),分别导入裂隙水,研究不同阶段渗透性特征及遇水弱化规律。

## 2.4.1 试验设备及原理

(1)试验设备

不同应力阶段砂岩导入裂隙水渗透性试验需要研究各试样的全应力-应变过程及变形过程中渗透性的变化。为满足上述要求,试验设备选用电液伺服岩石力学试验系统,该系统由计算机控制试验全过程,配有轴压、围压和孔隙压3套独立的闭环伺服控制系统;具备载荷、冲程和应变三种控制方式;可进行三轴压缩、孔隙水压及水渗透等试验,既可得到全应力-应变曲线又可在在不同阶段导入裂隙水,研究渗透性变化规律。

(2)测定方法

测定试样渗透性能的方法大致可归纳为两大类,即稳态法和瞬态法。

① 稳态法:在固定压力梯度下测定渗流速度的稳态值,根据压力梯度-渗流速度稳定值散点图的拟合曲线得到岩石的渗透特性。稳态法优缺点:直接利用孔隙压力梯度与对应的渗流速度的试验数据计算渗透特性,对试样的承载能力没有要求,可测试零应变下的渗透特性。但该方法需要的试样数量多、试验周期长、费用高,需要考虑试验系统的力学模型的误差,另外围压不易控制。

② 瞬态法:测定一定时间内孔隙压力梯度的变化值,并计算压力梯度的变化率,基于压力梯度-压力梯度变化率散点图的拟合曲线得到岩石的渗透特性。瞬态法优缺点:利用一块试样可以得到不同应变下的渗透特性,试验周期短、费用低。缺点是试样密封困难,当试样承载能力小及孔隙压力大于围压时,试验不能进行。另外,应变为零时,试验也无法进行。

本次试验采用瞬态渗透法,即给试样施加一定的轴压 $\sigma_1$、围压 $\sigma_3(\sigma_2 = \sigma_3)$ 和孔隙水压 $p_1$(始终保持 $p_1 < \sigma_3$),然后固定试样上端的孔隙水压 $p_1$,降低试样下端的孔隙水压至 $p_2$,从而在试样两端造成一定的渗透水压差 $\Delta p = p_1 - p_2$,引起水体通过试样渗流,测定这个压差随时间的变化过程就可以计算出试样在该应力状态下的渗透率。如果将试样峰前、峰值、峰后各点的渗透率测出,就可画出试样全应力-应变过程的渗透曲线。在试样的上下端各有一块透水板,透水板是具有许多均匀分布小孔的钢板,这是水流动的通道,其作用是使水压 $\Delta p$ 均匀地作用于整个试样断面。对于低渗透率试样,流过岩石的渗流速度太小以致不能测量,这时只能从单一的压差 $\Delta p$ 系列提取岩石的渗透特性。伺服渗透试验全过程由计算机控制,包括数据采集和处理,在施加每一级轴向压力过程中,测定试样的轴向变形及渗透压差随时间的变化,并根据测读出的每一级轴向压力下的轴向应变及渗透性数据,可以得到应力-应变和渗透性-应变关系曲线。在渗流过程中,$\Delta p$ 不断减少,其减少速率与岩石种类、岩石结构、试样长度(渗流路程)、试样截面尺寸、流体密度与黏度以及应力状态和应力水平等因素有关。

(3)瞬态渗透试验原理

在岩石力学系统上进行试样瞬态渗透试验时,渗透试验原理见图 2-23,力学模型见图 2-24。孔隙压力系统的两个稳压器体积均为 $B$,压力分别为 $p_1$ 和 $p_2$,试样的高度和横截面积分别为 $H$ 和 $A$。由于初始时刻试样两端孔隙压力不同($p_{10} > p_{20}$),压力差($p_{10} - p_{20}$)与试样高度 $H$ 的比值作为压力梯度的近似稳定值 $\xi_0 = (p_{20} - p_{10})/H$,水箱 1 中的液体通过试样进入水箱 2,这样水箱 1 的压力不断降低,而水箱 2 的压力不断增大,直到两水箱的压力相等,达到平衡状态。

设单位时间内水箱 1 进入试样的液体质量流量为 $q$,如果是饱和试样,则由试样进入水箱 2 的液体质量流量也是 $q$,试样中渗

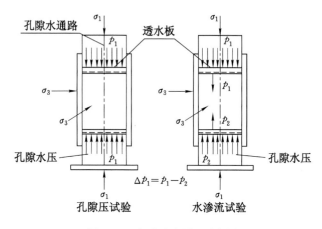

图 2-23　渗透试验原理示意图

图 2-24　瞬态渗透试验系统力学模型

流速度为 $v = q/pA$，由流体的压缩性，得到

$$\frac{1}{c_f} = \rho \frac{\mathrm{d}p_1}{\mathrm{d}\rho} \tag{2-1}$$

利用关系 $\mathrm{d}\rho = \dfrac{-q\mathrm{d}t}{B}$ 和 $q = \rho A v$，得到

$$\frac{\mathrm{d}q_1}{\mathrm{d}t} = -\frac{Av}{c_f B} \tag{2-2}$$

$$\frac{\mathrm{d}q_2}{\mathrm{d}t} = \frac{Av}{c_f B} \tag{2-3}$$

由式(2-2)和式(2-3)可以得到

$$\frac{\mathrm{d}(p_2 - p_1)}{\mathrm{d}t} = 2\frac{Av}{c_f B} \tag{2-4}$$

或

$$V = \frac{c_f BH}{2A} \frac{\mathrm{d}\xi}{\mathrm{d}t} \tag{2-5}$$

式中  $\xi$——试样的压力梯度，即 $\xi = \dfrac{p_2 - p_1}{H}$。

对于 Darcy 流，渗流速度与压力梯度之间服从 Darcy 定律，即

$$\xi = -\frac{\mu}{k_D} v \tag{2-6}$$

式中  $\mu$——渗流液体的动力黏度；

$k_D$——试样 Darcy 流的渗透率。

将式(2-5)代入式(2-6)，有

$$\frac{\mathrm{d}\xi}{\mathrm{d}t} = -2 \frac{Ak_D}{c_f BH\mu} \varepsilon \tag{2-7}$$

设试验中按等间隔 $t$ 采样，采样的总次数为 $n$，采样终了时刻 $t_f = nt$ 的孔隙压力梯度为 $\xi_f$，对式(2-7)积分，得到

$$\ln \frac{\xi_0}{\xi_f} = 2 \frac{Ak_D t_f}{c_f BH\mu} \tag{2-8}$$

在式(2-8)中，压力梯度 $\xi_f$、$\xi_0$ 均为负值，即 $\xi_0/\xi_f$ 为正值，故 $\ln(\xi_0/\xi_f)$ 有意义。这样，由式(2-8)可以计算出试样的渗透率，即

$$k_D = \frac{c_f BH\mu}{2t_f A} \ln \frac{\xi_0}{\xi_f} = \frac{c_f BH\mu}{2t_f A} \ln \frac{p_{10} - p_{20}}{p_{1f} - p_{2f}} \tag{2-9}$$

式(2-9)即为岩石力学试验系统上进行试样应力-应变全过程瞬态渗透试验计算试样渗透率的公式。

根据试验中计算机自动采集的数据，由式(2-9)经过转换，岩块在围压和轴向载荷共同作用下的渗透率可以按下式计算

$$k = \frac{1}{A} \sum_{i=1}^{A} m \cdot \ln\left[\frac{\Delta p_w(I-1)}{\Delta p_w(I)}\right] \tag{2-10}$$

式中  $A$——数据采集行数；

$m$——试验参数，取 $526 \times 10^{-6}$；

$\Delta p_w(I-1)$，$\Delta p_w(I)$——分别为第 $(i-1)$ 行和第 $i$ 行的渗
透压差值；

$k$——渗透率。

## 2.4.2  试验过程

该试验利用岩石力学试验系统的孔隙压力分系统控制渗流的压力，为了研究分析岩石的渗透性，所有试样初始试验条件相同，试验控制参数设置为：围压 5.0 MPa，孔隙水压 3.0 MPa，起始渗透压差 1.0 MPa。岩石试样形状为圆柱形，试验时密封良好，确保油不能从防护套和试样间隙渗漏，然后置于加载架上进行试验。

（1）试样准备

现场选取典型煤系试样，并密封；在实验室加工成标准试样。为了使得试验结果具有可比性，在取样过程中要求选取岩性尽量相似。该试验使用同一块岩石加工成试样，在试验过程中证实了该取样方法具有很好的一致性。

将压头和透水板用塑料绝缘带和热缩塑料套包封在一起，具体步骤为：① 擦除试样、压头、透水板的圆柱面污渍。② 依据压头、透水板、岩块、透水板的顺序自下而上，等距螺旋状缠绕一层塑料绝缘带密封。③ 剪下一段热缩塑料套，套住试样、透水板和上下压头。用电动吹风机均匀地烘烤塑料套，使塑料套与绝缘带良好地贴合，注意排出空气，不要留下气泡。④ 将热缩塑料套的上下两端与压头接触处分别用塑料绝缘带强化缠绕密封。⑤ 重复③、④两个过程，使试样密封 3 层，备用。

（2）试验步骤

安装试样到试验机上，调整好压头，将轴压加至 2 kN，放下围压油缸，拧紧密封螺栓；保持轴压 2 kN 不变，增加围压至预设值 5 MPa。此时试验初始条件具备，随后开始轴向加载至各设定应力阶段。

第一块试样做全应力应变曲线,以此为参考标准,分不同应力阶段展开研究分析。根据第一块试验结果分别选取全应力-应变过程中几个典型阶段进行试验:弹性阶段,塑性屈服阶段,应变软化阶段,残余强度阶段。所有的试样在相同的试验控制参数下做渗透性试验:围压 5.0 MPa,孔隙水压 3 MPa,起始渗透压差 1 MPa。

由于在岩石力学试验系统上进行标准试样的渗透试验时,实现试样密封需要轴向载荷不能太小,故预设的第一个弹性阶段的载荷值为 45 kN。峰值前的变形阶段,采用应力控制,达到设定应力值后,保持试样轴向应力不变,开始加入孔隙水,利用孔隙压力系统在试样两端施加水压 $p_1 = p_2$,保持一段时间观察试样遇水变形特征,然后降低一端的孔隙压力,使试样两端形成孔隙压差 $\Delta p$,并采集孔隙压差随时间的变化系列和变形参数。在峰值后变形阶段,采用位移控制,保证试验安全,当加载至设定应力阶段,保持试样变形(轴向位移)不变,分析试样遇水后应力松弛效应。即达到设定应力值时,保持试样轴向位移不变,加入孔隙水,利用孔隙压力系统在试样两端施加水压 $p_1 = p_2$,保持一段时间观察试样遇水松弛特征,然后突然降低一端的孔隙压力,使试样两端形成孔隙压差 $\Delta p$,并采集孔隙压差随时间变化的系列和应力参数。

### 2.4.3 试验结果

(1)典型应力阶段遇水强度弱化分析

不同应力阶段试样遇水弱化应力-应变曲线见图 2-25。

① 试样峰值强度的弱化

为研究裂隙水对岩石峰值强度的影响,需要确定各试样遇水后的峰值强度与未受水影响的峰值强度的比值;由于各试样采自同一个岩块,使得试样物理力学性质有很好的统一性。未受水影响的峰值强度均值为(83.5+80.6+82.1)/3=82.1 MPa;2 个试样分别于峰值前塑性阶段与弹性阶段遇水,其峰值强度分别为:

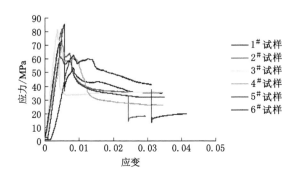

图 2-25　典型试样不同应力阶段遇水弱化应力-应变曲线

69.3 MPa、72.23 MPa,可见峰值强度前不同应力阶段遇水对试样的弱化程度并无太大差异,遇水后峰值强度平均下降(82.1－70.8)/82.1＝0.138,即:下降比例为 13.8%。

② 试样稳定残余强度的弱化

未受水影响的试样稳定残余强度:(30.1＋32.6＋38.9)/3＝33.9 MPa。

峰值后残余强度阶段遇水稳定残余强度:试样稳定残余强度为 16.4 MPa,下降了(30.1－16.4)/30.1＝0.455＝45.5%,可见峰值后残余强度阶段遇水对稳定残余强度影响比较大,强度降低程度高达 50%左右。

弹性阶段遇水稳定残余强度:试样弹性阶段遇水,稳定残余强度为 28.2 MPa,下降了(30.1－28.2)/30.1＝0.063＝6.3%。

塑性屈服阶段遇水稳定残余强度:试样塑性阶段遇水,稳定残余强度为 24.2 MPa,下降了(30.1－24.2)/30.1＝19.6%。

应变软化阶段遇水稳定残余强度:试样应变软化阶段遇水,达到稳定强度 32.2 MPa,继续加压最高 52.9 MPa,然后迅速降低,最后保持稳定残余强度 29.2 MPa,稳定残余强度降低(30.1－29.2)/30.1＝2.99%。

峰值后由于采用位移保护,在保持位移不变的情况下,试样遇水。该阶段裂隙发展与贯通过程中由于采用位移保持,裂隙水浸入时间长,导致裂隙面泥质,产生自封闭效果,也就是裂隙受水的影响渗流通道并不是非常贯通;经过该阶段的遇水软化使得脆性裂隙的发展受到抑制,虽然达到了残余强度阶段但贯通的裂隙不是很多。

峰值前遇水(包括弹性阶段和塑性阶段)不同应力阶段遇水对试样峰值强度的弱化程度并无太大差异,峰值平均下降了13.8%。根据巷道围岩的三区划分,峰值强度的降低必然会降低塑性极限平衡区的承载强度,由于承载能力的降低,对于巷道围岩中转移的一定量的应力,必然会有更大范围的围岩进入塑性极限平衡区,这使得塑性区扩大,即有水弱化的围岩塑性区的半径较大,根据芦岭煤矿二水平采区上山现场观测塑性区发育范围扩大达到1.1~1.8倍,与室内力学测试结果(表2-8)相互验证。

**表2-8**             **各试样基本力学测试结果**

| 试样编号 | 遇水弱化应力阶段 | 试样尺寸 | | 围压/MPa | 孔隙水压/MPa | 渗透压差/MPa | 峰值强度/MPa | 残余强度/MPa |
|---|---|---|---|---|---|---|---|---|
| | | 直径/mm | 高度/mm | | | | | |
| 3# | 无水 | 50.02 | 95.3 | 5 | — | — | 83.5 | 32.6 |
| 5# | 弹性阶段 | 49.8 | 94.1 | 5 | 3 | 1 | 74.4 | 30.09 |
| 4# | 塑性屈服阶段 | 49.8 | 94.5 | 5 | 3 | 1 | 69.3 | 25.3 |
| 1# | 应变软化阶段 | 49.7 | 95.0 | 5 | 3 | 1 | 82.1 | 29.2 |
| 2# | 残余强度阶段 | 50.2 | 94.4 | 5 | 3 | 1 | 83.5 | 16.4 |
| 6# | 残余强度阶段 | 50.0 | 94.6 | 5 | 3 | 1 | 82.50 | 21.3 |

在进入残余强度前(包括弹性阶段、塑性阶段、应变软化阶段)遇水,从岩块遇水弱化全应力-应变曲线可以看出,在该曲线上峰值后塑性变形区间变宽,即峰值后塑性变形能力加强,表现为由脆

性突然破坏向塑性延性破坏转变。巷道围岩表现为相对无水影响的巷道高阻大变形,即由于水的加入使得变形调整时间加长,保持较高塑性变形阻力,持续大变形。这也可以从巷道锚杆受力反映出来,无水影响的巷道锚杆受力很快达到恒阻,但有水影响的巷道锚杆受力变化时间长。

残余强度阶段遇水降低了残余强度,对稳定残余强度影响比较大,强度降低达到了 50%左右,使处于平衡状态的破碎区围岩承载能力大幅降低,如果没有有效的控制措施,将会导致围岩失稳。

根据以上分析可见,不同应力阶段遇水岩块的弱化程度不同,以残余强度阶段遇水对岩块稳定残余强度的弱化程度最高,其次是塑性屈服阶段与弹性阶段,对于应变软化阶段由于泥质岩体渗流通道的自封闭作用,该阶段遇水对残余强度弱化程度最小。

（2）全应力-应变渗透性规律

已有研究表明,裂隙扩展与应力之间存在耦合关系,岩体中的各种裂隙、弱面、孔隙等是水流的通道,在一定程度上决定了渗透率的大小,岩体的渗透系数随应力与裂隙的作用关系而变化,因此研究岩石试样全应力-应变过程中裂隙发育而引起的渗透率变化规律对掌握水对泥质岩体的影响至关重要。

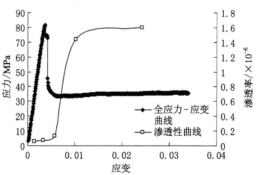

图 2-26　岩石全应力-应变过程的渗透曲线

由试验结果(图 2-26,表 2-9)可知:

① 裂隙发育与渗透性变化的关系

岩石的渗透率伴随着变形破坏发生显著变化,渗透性的变化源于受载后岩块裂隙的发育和贯通。在常规的渗透压力作用下,水透过完整岩石孔隙进行渗流的能力极其微弱,岩石变形过程的渗透性变化主要反映了裂隙的发育程度,包括裂隙张开度和连通率。张性裂隙发育程度和连通性越好,渗透能力就越强。

② 应力变化与渗透性变化的关系

应力增量的效果表现为裂纹扩展延伸和扩张加宽。当外载荷对试样内部裂隙表现为压效应时,渗透性随应力增大而降低;当外载荷对裂隙作用表现为拉张效应时,渗透性随应力增大而增强。

③ 全应力-应变曲线不同阶段渗透性变化特征

在破坏前的弹性阶段和塑性屈服阶段,渗透性较弱且随变形的变化不明显;试样受载至应变软化阶段,渗透性快速增强并在残余强度阶段达到渗透峰值;岩石试样从塑性屈服阶段出现剪张裂纹,且裂隙的张开度和连通程度随变形扩展而提高;进入塑性屈服阶段后,随变形增长,进入裂纹扩展阶段,裂纹演化表现为扩展与扩张的交替阶段性;应变软化阶段,渗透率迅速增大并在峰值后残余强度阶段达到最大值。相应的渗透性从应变软化阶段开始明显增强,直至试样残余强度阶段,连通性较好的裂隙渗流通道发育形成,从而渗透性达到峰值;残余强度阶段后期,以压缩变形为主,但裂隙的压闭合程度较低,仍保持良好的连通性,导致相应的渗透性仅表现为微弱下降。

表 2-9　不同应力阶段遇水强度弱化效应与渗透率变化

| 试样编号 | 遇水弱化应力阶段 | 峰值强度/MPa | | | 残余强度/MPa | | | 渗透率/$\times 10^{-6}$ |
|---|---|---|---|---|---|---|---|---|
| | | 未遇水 | 遇水 | 弱化程度 | 未遇水 | 遇水 | 弱化程度 | |
| 3# | 无水 | 81.63 | — | — | 35.78 | — | — | |

| 试样编号 | 遇水弱化应力阶段 | 峰值强度/MPa | | | 残余强度/MPa | | | 渗透率/×10⁻⁶ |
|---|---|---|---|---|---|---|---|---|
| | | 未遇水 | 遇水 | 弱化程度 | 未遇水 | 遇水 | 弱化程度 | |
| 5# | 弹性阶段 | 82.93 | 71.73 | 0.135 | 35.20 | 32.09 | 0.088 | 0.057 92 |
| 4# | 塑性屈服阶段 | 82.93 | 70.15 | 0.154 | 35.20 | 26.43 | 0.249 | 0.072 446 |
| 1# | 应变软化阶段 | 85.56 | — | — | 35.20 | 35.00 | 0.006 | 0.130 556 |
| 2# | 残余强度阶段 | 81.60 | — | — | 32.30 | 17.31 | 0.465 | 1.436 000 |
| 6# | 残余强度阶段 | 62.50 | — | — | 37.54 | 20.09 | 0.465 | 1.597 708 |

# 2.5 本章小结

通过实验室力学性能测试分析了富水岩体的组分特性、结构特征以及渗流特性，得出如下结论：

（1）富水泥质岩石微观组分和结构类型测试结果

选取芦岭煤矿富水泥质巷道地段典型泥岩试样，X 射线衍射试验和电镜扫描试验结果表明，该类岩体黏土类矿物含量高，尤其是含有强膨胀矿物成分时对岩石的力学特性有很大的影响，泥岩很多特异的物理力学特性源于这类黏土矿物，泥质岩体中大量的黏土矿物的存在为水的泥质作用提供了物质条件。

（2）富水岩体不同应力阶段的渗透特性试验结果

① 水对试样峰值强度的弱化：峰值强度前（包括弹性阶段和塑性变形阶段）不同应力阶段遇水对试样峰值强度的弱化程度并无太大差异，峰值平均下降 13.8%。

② 水对各试样稳定残余强度的影响:不同应力阶段遇水对稳定残余强度的影响比较大,其中残余强度期间遇水,对稳定残余强度影响最大,强度降低达到了 50% 左右,应变软化阶段对残余强度降低程度最小为 2.99%。

③ 裂隙发育与渗透性变化的关系:岩石变形过程的渗透性变化主要反映了裂隙的发育程度,包括裂隙张开度和连通率,张性裂隙发育程度和连通性越好,渗透能力就越强。

④ 应力变化与渗透性变化的关系:应力增量的效果表现为裂纹扩展延伸和扩张加宽,当外载荷对裂隙作用表现为拉张效应时,渗透性随应力增大而增强。

⑤ 全应力-应变曲线不同阶段渗透性变化特征:在破坏前的弹性阶段和塑性屈服阶段,渗透性较弱且随变形的变化不明显;试样受载至应变软化阶段,渗透性快速增强并在残余强度阶段达到渗透峰值。残余强度阶段渗透能力最强,且该阶段遇水弱化程度最大,因此在巷道围岩控制工程中,应重点阻止岩体在残余强度阶段遇水弱化。

# 3 富水泥质巷道围岩固流耦合相似模拟试验

由于富水泥质巷道围岩失稳垮冒的危险性和巷道支护工程的隐蔽性特征,使得富水泥质巷道围岩裂隙演化机理及围岩失稳影响因素的研究难以借助现场观测进行,国内外众多学者主要在实验室开展了大量的室内模拟试验。研究表明,相似模拟试验是研究富水泥质巷道支护失效机理以及确定围岩失稳影响因素的重要途径之一,而相似材料的配制和试验装置的选择是相似模拟试验成败的关键。在国内已有的模拟地下巷道开挖与支护室内试验装置中,大多采用平面或平-立组合相似模拟试验装置,属于固体材料试验模拟系统,无法模拟富水泥质巷道开挖围岩应力、变形特征[33-38]。为此,本书基于相似模拟试验思想和地质力学模型试验新思路,首先配制防水型固流耦合相似材料、研制固流耦合相似模拟试验装置,提出了气压精准调控水压和固流耦合模拟的关键技术,实现泥质围岩和裂隙水耦合作用下巷道围岩固流耦合相似模拟,为研究富水泥质煤岩体裂隙演化及围岩失稳机理提供了试验平台。

## 3.1 相似理论

### 3.1.1 基本概念

(1)相似比

相似比又称"相似常数"、"相似系数"或"相似倍数",指两个相似现象的各同类物理量的比例关系,即两物理量的比值,如长度相似比、温度相似比、应力相似比等。

（2）相似指标

原型与模型的各个物理量的相似比之间的关系称为相似指标,相似指标是无量纲量,相似指标的意义在于它确定了相似系统各相似比之间的约束关系。对于同一个原型的模拟,确定的相似指标可以限定各相似比之间必须满足一定的相似比方程,但同时又可以调整不同的相似比系列以满足不同规格模型的设计与制作。

（3）相似判据

相似判据是描述现象的诸物理量所组成的一个综合量,与相似指标是等效的两种形式,也是无量纲量。在相同条件下,两个相似的现象具有相同的相似判据数,且等于能够完整描述该现象的独立方程数。相似判据可以通过描述现象的物理方程式经过方程分析法得出,或者通过相似第二定理导出相似判据关系并经量纲分析法分析得出。使用量纲分析法获取某相似系统的相似判据只要求确定研究的系统所涉及的物理量以及这些物理量对应的单位量纲,而不需要建立该系统的物理方程式。量纲分析法较为简单易行,可以适用于某些问题过于复杂从而无法建立相应物理方程式的系统的相似判据的确定。

### 3.1.2 相似三定理

（1）相似第一定理

如果两个系统所发生的现象均可用一个基本方程式描述,并且其对应点上的各对应物理量之比为常数,则可称这两种现象为相似现象。自然界中的各种现象总是可以用微分方程来表示并服从于某一特定规律,所以,根据相似比的定义及特点可知,两个相似的现象,由代表其规律的微分方程所得到的相似判据相等。对于采用相似第一定理指导的模型试验研究,首先应当推导出相似判据,由相似判据的性质可知,只需要测量出模型试验中与相似判据有关的所有物理量,就可以经由相似判据而推断出原型的所有特性。同时,该方法所测量的所有物理量均处于同一相似判据之中,所以只要能够保证模型与原型之间某一个或几个相似比的确定,如几何相似比为确定值,即可经由相似判据而推导出模型与原型各个物理量的相似比。因此,由相似第一定理指导的模型试验不需要测量过多的数据,只需要充分利用相似判据及各物理量的相似比之间的关系就可以通过有限试验点数据的测量得到最终的试验结果。对于一些微分方程已知且方程形式简单的物理现象,要找出它们的相似判据并不困难,但当微分方程无从知道,或者微分方程已经知道但很复杂时,导出相似判据就需要有相应的方法。

(2)相似第二定理

相似第一定理主要讨论仅有一个相似判据数的情况,当相似判据数超过一个时,则应该运用相似第二定理进行讨论。相似第二定理表述如下:设在一个物理系统中有 $n$ 个物理量,它们的基本物理方程表示如下

$$f(x_1, x_2, \cdots, x_n) = 0$$

其中 $n$ 个物理量的量纲是相互独立的,则这 $n$ 个物理量之间的基本物理方程可以用量纲分析的方法转换成相似判据 $\pi$ 方程来表达的新方程,即

$$g(\pi_1, \pi_2, \cdots, \pi_n) = 0$$

对于相似模型试验结果的处理,相似第二定理要求将其整理成相似判据的关系式,两个相似的现象应当具有相同的 $\pi$ 方程。由此即可通过相似判据的关系式指导模型试验并获得试验结果,但同时,由于缺乏描述现象特性的物理方程式的指导,相似系统相关物理量的准确选择直接决定了模型试验的结果准确性。

（3）相似第三定理。相似第三定理不同于相似第一和第二定理，它直接联系代表了具体现象的单值条件，同时强调了单值条件下单值量的相似，因此相似第三定理具有科学上的严密性，而相似第一、第二定理则是在假定两个系统相似的条件下得出的两相似系统具有的性质，是两系统相似的必要条件。相似第三定理同相似第一、第二定理一起构成了相似理论的基础。因此，在依照相似理论进行相似模型试验时，首先必须应用相似第三定理正确地选择能够全面表征系统特性的各个物理量，然后在所选各个物理量的基础上确定该系统的相似判据，进而应用相似第二定理将该系统的相似判据组成 π 方程，最终获得各相似判据之间的比例关系，获得相似比，从而进行相似模型的设计及开展模型试验。

但是，在实际系统中，相似第三定理所要求的单值条件有时候会由于系统过于复杂而难以确定，导致难以判断哪个单值量为系统最主要的物理量，或者难以通过某单值量确定相似系统中该单值量组成的某些相似判据，最终导致相似第三定理无法完全发挥效用，从而使得相似模型试验的相似度受到一定影响。

### 3.1.3　量纲分析法

工程地质模型试验与地质力学及结构相似模拟的区别就在于对固流耦合关系的把握。工程地质模型中研究的是双重材料性质，对于岩土体来讲，可根据地质力学的相似理论关系进行模型试验设计，但还要考虑地下水渗流的相似性，根据 Biot 固结理论和弹性力学基本方程推导相似准则发现，弹性力学和 Biot 固结理论的时间比尺很难统一起来，而在一台模型上执行两个时间系统是无法完成试验参数分析的。考虑到地下水渗流的理论关系并不完善以及理论推导带来的难题，选择量纲分析法进行相似准则的推导。

量纲分析法的理论基础是 π 定理或称为白金汉定理，量纲分析法不局限于带有方程的物理现象，对机理尚未成熟的复杂现象其优势更为明显,因此成为解决工程技术问题的重要手段之一。

(1) 几何相似,模型与原型几何尺寸满足

$$C_l = \frac{l_P}{l_M} = \frac{z_P}{z_M} = n = 200 \qquad (3\text{-}1)$$

(2) 容重相似,模型中采用与原型相近似的砂和水,容重相似系数为

$$C_\gamma = \frac{\gamma_{Pi}}{\gamma_{Mi}} = 1 \qquad (3\text{-}2)$$

$$C_{W\gamma} = \frac{\gamma_{wPi}}{\gamma_{wMi}} = 1 \qquad (3\text{-}3)$$

(3) 压力相似,根据导出量纲和量纲关系,压力相似系数为

$$C_P = C_\gamma \times C_l = 1 \times n = 200 \qquad (3\text{-}4)$$

(4) 时间相似,模型与原型在几何相似的基础上,保证对应时刻相似:

$$C_l = \frac{t_P}{t_M} = n = 200 \qquad (3\text{-}5)$$

(5) 针对富水泥质围岩含水砂岩层与煤岩体的赋存特点,要求相似材料在塑性、水理性方面的相似,目前这方面的研究很少。基于隔水煤岩体的全应力-应变曲线,将塑性特征参量作为塑性相似参数,吸水率和渗透系数作为水理性相似参数。

① 塑性特征参量。材料达到峰值强度后的应变软化阶段的斜率可表征材料的塑性特征,可以用达到残余强度时的应力下降量与对应的应变增长量之比来表示,称为塑性特征参量 $\alpha$。

$$\alpha = \frac{\sigma_p - \sigma_r}{\varepsilon_r - \varepsilon_p} \qquad (3\text{-}6)$$

式中　　$\sigma_p$——材料的峰值强度;

　　　　$\sigma_r$——材料的残余强度;

　　　　$\varepsilon_p$——材料峰值强度时的应变量;

　　　　$\varepsilon_r$——材料残余强度时的应变量。

② 吸水率。材料的亲水性是其水理性的主要特征之一,在相同时间内其吸水量越大,亲水性越强,与水反应的可能性越高。因此,选择吸水率 $a$ 作为表征水理性的相似指标之一。

$$a = \left(\frac{m_水}{m_0}\right) \times 100\% \qquad (3-7)$$

式中　$m_水$——见水后试样质量的增量;

　　　$m_0$——试样干质量,g。

③ 渗透系数相似。水在隔水层材料内的渗透性可以综合表征隔水层的隔水能力,是隔水层水理性的综合指标,用渗透速率表示。

$$v = \frac{l}{t} \qquad (3-8)$$

式中　$v$——渗透速率,mm/h;

　　　$l$——水浸入试样的轴向长度,mm;

　　　$t$——观测时间,h。

渗透系数 $k$ 与渗透速率 $v$ 量纲相同,根据量纲关系,渗透系数相似比为

$$C_k = C_v = \frac{C_l}{C_t} = \frac{n}{n} = 1 \qquad (3-9)$$

(6)流量相似,根据量纲关系,流量相似系数为

$$Q = \frac{V}{t} = \frac{[L]^3}{[T]}$$

$$C_Q = \frac{C_l^3}{C_t} = \frac{n^3}{n} = n^2 = 40\,000 \qquad (3-10)$$

(7)初始条件与边界条件。初始条件采用含水层初始水位条件;边界条件采用定水头补给边界。Goodings 总结了水力比例系数,在层流条件下,几何比为 $n$,时间比尺为 $n-1$,粒径比尺为 1;在紊流条件下,几何比尺为 $n$,时间比尺为 $n-1/2$,粒径比尺为 $n-1$。在富水泥质巷道围岩顶板淋水运移模型中,裂隙水流态复杂,自由水位面变化幅度较大,待形成一定的降落漏斗后,则降落

漏斗在短时期内可以认为是稳定的,可以判断其内部流动均处于层流状态,可以用 Goodings 提出的稳定流、层流条件下,几何比尺 $n$,时间比尺 $n-1$,粒径比尺 1 设计模型试验。则模型与原型在时间、颗粒尺寸、平均应力、孔隙压力等方面是相似的。在相似关系中也存在着不相似的因素,诸如黏滞性、变形模量、黏聚力等,由于采用混合流形式进行运移模拟,此类因素对试验结果的影响程度较小,可忽略;其中颗粒粒径也是不相似的,即在模型试验中存在尺寸效应问题。研究表明,模型尺寸与粒径尺寸之比在 50 以上时,可以忽略尺寸效应的影响。

## 3.2 固流耦合相似材料的选择与制备

### 3.2.1 研制思路

低强度、耐水性并具有一定抗渗性的相似材料的研发是富水泥质巷道围岩固流耦合相似模拟研究的基础。铺设相似模型的第一步就是相似材料的选择,这直接影响着固流耦合相似模拟能否成功。鉴于此,本书首先根据相似理论推导出了相似模型试验所需相似材料的性能参数(相似常数),在传统固体相似材料配比(细砂、石膏、碳酸钙、水)基础上,使用石蜡、凡士林等作为主要胶结材料,通过调节各组分含量,研制固流耦合相似模拟材料,并对其力学性能、耐水性、抗渗性等性能进行了系统测试,为富水泥质巷道围岩固流耦合相似模拟提供试验材料。

### 3.2.2 材料要求

固流耦合相似材料的基本要求:主要力学性质与模拟的岩层或结构相似;试验过程中材料的力学性能稳定,不易受外界条件的影响;相似材料应由散粒体组成,经胶结剂胶结并在模具内压成一定尺寸的砌块,才能保证有致密的结构和较大的内摩擦角;改变材料配比,可调整材料的某些性质以适应相似条件的需要;制作方便,凝固时间短;成本低,来源丰富;对人体无任何毒害作用。

选择相似材料应当达到的要求[39]:

(1)模型与原型相应部分材料的主要物理、力学性能相似,以便将模型测得的数据换算成原型需求解的数值;

(2)力学指标稳定,不因大气温度、湿度变化的影响而改变力学性能;

(3)改变配合比后,能使其力学指标有大幅度变化,以便于选择使用;

(4)制作方便、凝固时间短、成本低、来源丰富,最好能重复使用;

(5)便于设置量测传感器,在制作过程中没有损伤工人健康的粉尘及毒性等。

煤系岩石的力学性质可以划分为脆性的、弹性的和塑性的,力学性质随加载条件的变化而变化,对其进行模拟时,就需要通过正确选择相似材料来达到。相似材料是用胶质物和填料组合而成,而胶结料的力学性质在很大程度上决定了相似材料的力学性质。相似材料的力学性质划分类别详见表 3-1。

**表 3-1　　　　　相似材料力学性质划分类别表**

| 类别 | 名称 | 力学特点 |
|------|------|----------|
| 无机胶质料 | 石膏、水泥、石灰、碳酸钙、水玻璃 | 脆性破坏 |
| 碳氢类石油产品 | 石蜡、凡士林、地腊、油类 | 弹塑性、塑性变形 |
| 合成树脂 | 环氧树脂、尿素树脂 | 变化范围宽、由塑性直至脆性 |
| 天然胶质产品 | 松香、沥青 | 脆性 |

根据模拟对象及模型比例的不同,可采用不同种类及不同配

比的相似材料,本次试验采用石膏加填料的相似材料,胶质料为石膏,同时加入碳酸钙,填料为砂。已有研究结果表明,相似材料的内摩擦角取决于砂粒结构,可通过改变石膏胶质料的密度和砂粒结构,控制黏聚力和黏摩擦角。

### 3.2.3　材料选择

(1)骨料

骨料的选择直接影响相似材料的弹性模量、容重及强度等,骨料性质的变化将对相似材料的性能产生一定的影响。石英砂:二氧化硅含量不低于 95%,试验所用石英砂为三种不同粒度[4~6目(粗)、10~20 目(中)、20~100 目(细)]以粗:中:细比例为5:6:7混合而成;河砂:细度模数 2.7,含泥量 2%。

(2)胶结材料

固流耦合相似模拟试验要求相似材料具有极低的抗压强度(0.1~0.5 MPa)且同时具有高的耐水性,因此本试验优先选用耐水性较好的胶结材料,无机胶结材料以普通硅酸盐水泥作为主胶结材料,粉煤灰、重钙粉和黏土等为辅助胶结材料。有机胶结材料使用石蜡和凡士林,试验材料见图 3-1。

### 3.2.4　相似材料配制方案

依据芦岭煤矿富水泥质巷道(二水平采区上山)综合柱状图,确定芦岭煤矿富水泥质巷道的典型岩层为砂质泥岩、泥岩、煤层、中砂岩。

为模拟出不同岩性的隔水层,采用了不同的配比方案,试样以砂子、碳酸钙、石膏为原材料,同组试样中的砂子、碳酸钙、石膏等材料的配比相同,但分别加入 0%、3%、5%、8%、10%、15%的石蜡作为胶结材料,然后根据石蜡不同添加量制作试样,并进行力学性能、耐水性、抗渗性等性能测试。

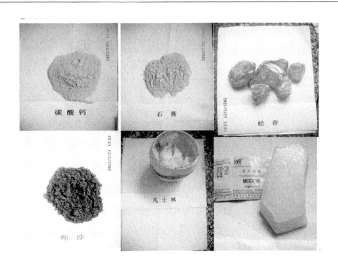

图 3-1　相似材料的基本成分

模型试验要求所开发相似材料具有低强度、高耐水及抗渗等性能，为获得能满足固流耦合相似模拟试验基本要求的材料配比，对相似材料试样制作、试样养护和性能参数测试提出了更高的要求。

（1）试样制作

试验选用 58 号全精炼石蜡，常温下为固体，需加热融化后成型。试样制作过程如下：预热各原材料（细砂，碳酸钙，石膏）；在加热容器中融化石蜡；将预热的各原材料倒入融化的石蜡中搅拌均匀；将搅拌均匀的料浆装入试模，插捣成型。试样的制作过程应尽量迅速，避免因石蜡过早凝固而影响试验结果。

（2）试样养护

根据不同试验要求，试样的养护方法分标准养护、自然养护及浸水养护三种。其中标准养护采用标准养护箱，温度（20±1）℃，湿度不低于 95%；自然养护为室内条件养护；浸水养护采用恒温（20±1）℃水箱，将试样完全浸入水箱中养护规定时间。

（3）试样性能参数测试

固流耦合相似模拟材料加工成标准试样后，其力学参数测试（抗压强度、抗拉强度）、水理性能测试（软化系数、吸水率、渗透系数）均参照《煤和岩石物理力学性质测定方法》进行。

本次模型制作采用铁制品模具，其规格为 $\phi 50 \times 100$ mm。配制相似材料时，根据配比计算试验中河砂、碳酸钙、石膏、凡士林、石蜡的用量，将胶凝材料首先置于搅拌锅中放到加热装置上加热熔化，然后将配好的骨料倒入搅拌锅中使材料搅拌均匀，在搅拌过程中亦必须保持加热，一方面使熔化后的胶凝材料与骨料混合均匀，另一方面保证材料受热均匀。此外，在制作试样之前，先在模具的内表面涂润滑油以便拆模，这样拆模的时候可以尽量减少对试样的损坏从而保证试样的质量。向试模内注入拌和物，边注入边搅拌，装料时用抹刀沿试模内壁略加插捣并使拌和物高出试模上口。迅速用捣具压实捣紧，等到试验材料冷却成型之后再拆模，然后在自然条件下养护至完全干燥硬化，对试样进行编号，以备测试。

各岩层固相试验配方见表 3-2。相似材料试样制作过程及制作的试样分别见图 3-2 和图 3-3。

**表 3-2　　　　　　　　各岩层固相试验的配方表**

| 岩层名称 | 砂子：碳酸钙：石膏 | 容重/(g/cm³) |
|---|---|---|
| 中砂岩 | 7：3：7 | 2.27 |
| 砂质泥岩 | 7：6：4 | 2.38 |
| 粉砂岩 | 7：5：5 | 2.35 |
| 煤层 | 9：7：3 | 1.31 |
| 细砂岩 | 7：4：6 | 2.31 |

## 3.2.5　固流耦合相似材料参数测试

配制的相似材料既要具备一定强度，同时在进行固流耦合试验

图 3-2　相似材料试样制作过程

（石蜡熔融→配比材料搅拌→装模→捣实→脱模成型）

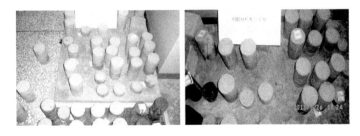

图 3-3　相似材料试样

时,应具有极弱的渗透性能与吸水性能,在顶板裂隙水渗入、水浸的条件下材料仍能保持一定的强度而不松散。因此,依据《煤和岩石物理力学性质测定方法》,开展了固流耦合相似材料参数测试,主要测试内容包括:抗压强度、抗拉强度、软化性、吸水性和渗透性。

（1）抗压强度

①"砂子：碳酸钙：石膏"＋石蜡

针对既定的 5 种岩层固相材料配比,分别加入 0％、5％、8％、10％的石蜡作胶结剂,制作不同配比的试样后,试样经过自然养护后进行抗压强度测试。部分测试试样见图 3-4。根据试验结果绘制不同石蜡含量对试样抗压强度的影响曲线见图 3-5。可知：
a. 同一配比的相似材料试样的抗压强度值随着石蜡含量的增加而增大。例如，砂子、碳酸钙、石膏配比为 7：6：4 时，石蜡含量从 0％增加到 8％时，试样抗压强度值由 0.18 MPa 增大至 0.355 MPa，抗压强度增大近 1 倍；b. 当石蜡含量达到 8％以后，继续增大石蜡含量，试样抗压强度增量趋缓。即：在一定范围内(0～8％)，石蜡含量越高，相似材料试样的胶结越密，试样抗压强度越大，但当石蜡含量超过 8％后，试样抗压强度增量趋缓。

图 3-4　力学试验测试的试样

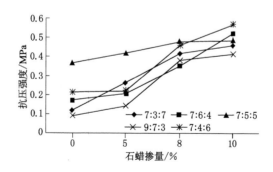

图 3-5　石蜡含量对试样抗压强度的影响

②"砂子：碳酸钙：石膏"＋石蜡＋凡士林

由"砂子：碳酸钙：石膏"＋石蜡的试验结果表明,石蜡含量为8%时,试样的强度已满足相似材料要求,但柔性减弱,需增强试样的变形能力。凡士林不溶于水,有助于增强试样柔性,同时改善试样的隔水性能。试验时,加入石蜡和凡士林比例分别为3%、5%和8%,自然养护后再次测试试样的抗压强度。根据试验结果绘制不同含量的石蜡和凡士林对试样抗压强度的影响曲线,见图3-6。可知:a. 同一配比的相似材料试样的抗压强度值随着石蜡和凡士林含量的增加而增大;b. 砂子、碳酸钙、石膏配比为7：6：4时,仅加入8%石蜡时,试样抗压强度为0.355 MPa,当加入石蜡和凡士林各8%时,试样抗压强度为0.30 MPa,抗压强度值降低了15.5%,即:在砂子、碳酸钙、石膏和石蜡相似材料基础上,加入凡士林可以降低试样强度,增大试样柔性。

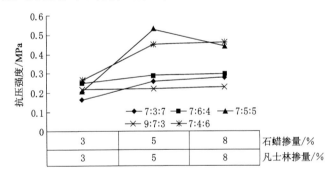

图3-6　石蜡和凡士林含量对试样抗压强度的影响

（2）抗拉强度

试样抗拉强度测试采用劈裂法,部分测试试样见图3-7,测试数据见表3-3。由测试结果可知:① 同一配比的相似材料试样的抗拉强度值随着石蜡含量的增加而增大。例如,砂子、碳酸钙、石膏配比为7：6：4时,石蜡含量从0%增加到8%时,试样抗拉强度值由 0.021 MPa 增大至 0.030 1 MPa,抗拉强度值增大了 43.3%。② 当石蜡含量达到 8% 以后,继续增加石蜡含量至 15%,不同配比的相似材料试样的抗拉强度值表现出截然不同的变化趋势:配比号为 9∶7∶3 的试样(用来模拟煤层)和 7∶6∶4 的试样(用来模拟砂质泥岩)其抗拉强度值增量显著(分别增大 58.4% 和 12.9%);而配比号为 7∶3∶7 的试样(用来模拟中砂岩)和 7∶5∶5 的试样(用来模拟粉砂岩),其抗拉强度值增量趋缓(分别增大 9.6% 和 8.2%)。即:当石蜡含量超过 8% 后,相似材料试样的胶结越密,尤其是模拟煤层和直接顶砂质泥岩层的抗拉强度越大,不利于模拟开采时直接顶的随采随冒及覆岩裂隙的发育贯通。

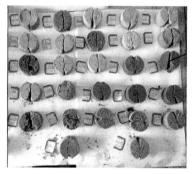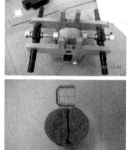

图 3-7　抗拉强度测试

表 3-3　　　　　　　　固流耦合相似材料抗拉强度值

| 不同配比<br>石蜡含量/% | 抗拉强度/MPa | | | | |
|---|---|---|---|---|---|
| | 7∶3∶7 | 7∶6∶4 | 7∶5∶5 | 7∶4∶6 | 9∶7∶3 |
| 0 | 0.013 0 | 0.021 0 | 0.014 0 | 0.019 0 | 0.010 0 |
| 5 | 0.018 5 | 0.020 9 | 0.018 7 | 0.027 0 | 0.011 0 |
| 8 | 0.021 8 | 0.030 1 | 0.019 4 | 0.025 7 | 0.012 5 |
| 15 | 0.023 9 | 0.034 0 | 0.021 0 | 0.029 1 | 0.019 8 |

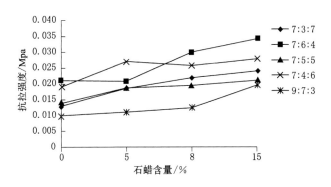

图 3-8 石蜡含量对试样抗拉强度的影响

（3）软化系数测试

固流耦合相似材料要求应具备良好的抗水浸泡能力，因此需要对试样进行软化系数试验测试。测试根据《煤和岩石物理力学性质测定方法 第 7 部分：单轴抗压强度测定及软化系数计算方法》进行。

软化系数：煤（岩石）饱和水试样的单轴抗压强度与干燥试样或自然含水状态试样单轴抗压强度的比值。软化系数计算公式为

$$K_1 = \frac{R_b}{R_g} \text{ 或 } K_2 = \frac{R_b}{R_z}$$

式中　$K_1$——干燥试样的软化系数；

　　　　$K_2$——自然含水状态试样的软化系数；

　　　　$R_b$——水饱和试样的单轴抗压强度，MPa；

　　　　$R_g$——干燥试样的单轴抗压强度，MPa；

　　　　$R_z$——自然含水状态试样的单轴抗压强度，MPa。

试验中，试样中石蜡的参量为 0 时，放入水中，立刻开始溶解，没有研究的必要，所以选择石蜡掺量为 5%、8%、10%，放入水中 24 h 后，进行单轴抗压强度的测试，测试结果见表 3-4。

表 3-4 浸水后试样抗压强度测试

| 浸水后的抗压强度 /MPa 石蜡含量/% | 配比号（砂子：碳酸钙：石膏） | | | | |
|---|---|---|---|---|---|
| | 7：6：4 | 7：5：5 | 7：3：7 | 7：4：6 | 9：7：3 |
| 5 | 0.15 | 0.18 | 0.19 | 0.14 | 0.12 |
| 8 | 0.19 | 0.19 | 0.21 | 0.17 | 0.15 |
| 10 | 0.22 | 0.23 | 0.27 | 0.23 | 0.19 |

试验结果表明：浸水后的试样强度比未浸水时强度有所减少，但当石蜡含量达到 5%～10% 时，浸水后的试样与未浸水的相比，其抗压强度下降不明显，例如：配比号为 7：5：5 的试样，当石蜡含量为 5% 时，其抗压强度由 0.42 MPa 下降至 0.18 MPa，软化系数为 0.44；当石蜡含量为 8% 时，其抗压强度由 0.48 MPa 下降至 0.19 MPa，软化系数为 0.39；表明石蜡类相似材料具有良好的耐水性和抗渗性。石蜡能够改善相似材料的抗水性，使结晶体的孔隙及溶解度发生变化，阻止水分子的浸入。

（4）吸水性测定

为进一步研究固流耦合相似材料的防水性能，进行了相似材料自然吸水率测定试验。测试根据《煤和岩石物理力学性质测定方法 第 5 部分：煤和岩石吸水性测定方法》进行。

岩石自然吸水率：岩石在标准大气压力和室温条件下吸入水的质量与试样固体质量的比值。

自然吸水率测定步骤：从试样中选取具有代表性的 3 个试样，清除表面上的黏着物和易掉落的碎屑，注意不能造成人为裂隙，防止试样在吸水过程中掉块或崩解；将试样放在 105～110 ℃ 的烘箱中干燥 24 h，取出试样，放在干燥器中冷却至室温，称重为 $M$；在盛水容器中放置几根直径相同的玻璃棒，每根玻璃棒间距为 1～2 cm，将试样放在玻璃棒上，每个试样间距 1～2 cm；向容器注水，至试样的 1/4 高度处，以后每隔 2 h 注水一次，每次注水量为使容器液面升高数值等于试样高度的 1/4,直至最后液面高出试样 1～2 cm 为止;24 h 后将试样取出,用湿毛巾轻轻擦去表面水分,第一次称重。称重后仍放回盛水容器中,以后每隔 24 h 称重一次,直至最后两次质量差不超过 0.01 g 为止。最后一次的称重即为试样吸水后的质量 $M_1$。

自然吸水率为

$$w_z = \left( \frac{M_1}{M} - 1 \right) \times 100\%$$

测试共得到 6 组有效数据,得到试样的吸水量随时间的变化关系,见图 3-9、图 3-10。可知:① 相似材料试样的自然吸水量随浸泡时间的延长而增加,当超过一定时间后,吸水量趋于稳定。② 石蜡含量为 8% 时,随着浸泡时间的延长,试样吸水量增加,10 h 以后吸水量增势变缓,逐渐趋于稳定,其最大吸水量仅为 4.5 g,自然吸水率为 1.3%,表明当石蜡含量为 8% 时,试样亲水性弱,抗水能力增强。

图 3-9　试样吸水性试验

（5）渗透性试验

使用 HLB 系列恒流泵式渗透仪进行相似材料试样的渗透性能参数测试,仪器及配套软件见图 3-11、图 3-12。

相似材料试样渗透率测试流程:仪器组装、调试完成后,使用配套制样模具,加工成直径 25 mm 的测试用试样,放入模具中,

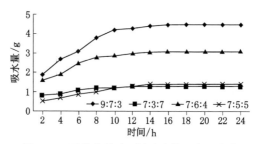

图 3-10　石蜡含量为 8% 时试样吸水量变化

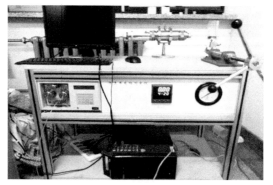

图 3-11　HLB 系列恒流泵式渗透仪

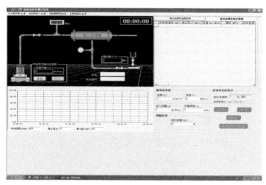

图 3-12　渗透仪配套软件

3 d 后进行测试;使用游标卡尺测量待测试样的长度;将待测试样装入配套的夹持器中;检查渗透仪的密闭性,打开水泵开关;打开配套软件,设置参数,并检查水泵的进水管有无气泡,若有气泡,拧开释压开关,使用注射器将气泡排出,再拧紧开关,测试开始,仪器自动工作,并生成数据。

为与现场地层渗透性能对比,以便求出相似模拟材料配比用渗透系数,将渗透率转化为渗透系数,渗透率与渗透系数的关系为

$$K = k\frac{\gamma}{\mu}$$

式中 $K$——渗透系数,m/d;

$k$——渗透率,m/d;

$\gamma$——液体的容重,kg/m³;

$\mu$——黏滞动力,Pa·s。

温度对黏滞性的影响最大,常见温度下的黏滞动力值:例如:$T=0$ ℃时,$\mu=0.018$ Pa·s;$T=10$ ℃时,$\mu=0.013$ Pa·s;$T=20$ ℃时,$\mu=0.010$ Pa·s。

依据岩土渗透性分级标准《水利水电工程地质勘察规范》规定,结合现场隔水层渗透参数,选择渗透系数小于 $10^{-5}$ cm/s 为抗水性良好的判别标准。根据试验数据(表 3-5),整理得到不同石蜡含量对相似材料渗透系数的影响曲线,见图 3-13。

表 3-5 不同石蜡含量时相似材料渗透系数测试值($\times 10^{-5}$ cm/s)

| 石蜡含量/% | 渗透系数/($\times 10^{-5}$ cm/s) 砂子:碳酸钙:石膏 | | | | |
|---|---|---|---|---|---|
| | 7:3:7 | 7:6:4 | 7:5:5 | 7:4:6 | 9:7:3 |
| 3 | 2.270 | 2.090 | 1.120 | 1.010 | 1.350 |
| 5 | 0.728 | 0.544 | 0.980 | 0.594 | 0.846 |
| 8 | 0.563 | 0.204 | 0.463 | 0.336 | 0.698 |
| 15 | 0.466 | 0.127 | 0.330 | 0.295 | 0.459 |

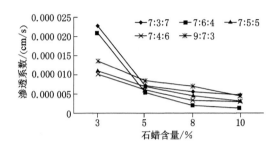

图 3-13　石蜡含量对材料渗透系数的影响

可知:① 当石蜡含量为 3% 时,参与测试的所有配比的相似材料试样的渗透系数均大于 $10^{-5}$ cm/s,尤其砂质泥岩模拟材料(配比号 7:6:4)和中砂岩模拟材料(配比号 7:3:7),其渗透系数超过了 $2\times10^{-5}$ cm/s,表明:石蜡含量仅为 3% 时,不能满足固流耦合相似材料抗水性良好的基本要求。② 当石蜡含量大于 5% 时,参与测试的所有配比的相似材料试样的渗透系数均小于 $10^{-5}$ cm/s,满足固流耦合相似材料抗水性良好的基本要求。③ 相似材料试样的渗透系数随石蜡含量的增加而降低,其总体变化规律为"显著降低—出现拐点—下降趋缓—趋于稳定"。因此,石蜡的添加量对固流耦合相似材料渗透性能起关键控制作用,当石蜡含量为 5% 时,即为不同配比试样渗透性能的拐点,石蜡含量超过 5% 时,才能满足固流耦合相似材料抗水性良好的基本要求。

(6) 相似材料物理力学参数测试结果汇总(表 3-6)

表 3-6　相似材料物理力学参数测试结果汇总(石蜡含量为 8%)

| 配比号 | 所代表岩性 | 强度特性 | | 水理特性 | | |
|---|---|---|---|---|---|---|
| | | 抗压强度/MPa | 抗拉强度/MPa | 软化系数 | 自然吸水率/% | 渗透系数/($\times10^{-5}$cm/s) |
| 7:3:7 | 中砂岩 | 0.518 | 0.021 8 | 0.40 | 0.8 | 0.563 |

| 配比号 | 所代表岩性 | 强度特性 | | 水理特性 | | |
|---|---|---|---|---|---|---|
| | | 抗压强度 /MPa | 抗拉强度 /MPa | 软化系数 | 自然吸水 率/% | 渗透系数/ ($\times 10^{-5}$ cm/s) |
| 7:6:4 | 砂质泥岩 | 0.355 | 0.030 1 | 0.28 | 1.1 | 0.204 |
| 7:5:5 | 粉砂岩 | 0.425 | 0.019 4 | 0.39 | 0.9 | 0.463 |
| 9:7:3 | 煤层 | 0.120 | 0.012 5 | 0.14 | 1.3 | 0.698 |
| 7:4:6 | 细砂岩 | 0.536 | 0.025 7 | 0.37 | 1.1 | 0.336 |
| 典型岩石（根据蔡美峰院士主编《岩石力学与工程》） | | — | — | 0.10～ 0.50 (泥岩) | 0.7～3.0 (泥岩) | 0.55 (孔隙砂岩) |

# 3.3 固流耦合相似模拟试验平台研制

## 3.3.1 结构组成

研制的富水泥质围岩固流耦合相似模拟试验平台由三部分构成,包括:一套用于赋存含水层煤系地层模拟铺设的固流耦合模拟装置、一套通过氮气压力调控注水压力的气液联动试验装置和一套采用精密水压水位传感器实现模拟水压水量精准控制和实时显示的水压水量监测装置。该试验平台系统图及实物见图 3-14 和图 3-15。

（1）固流耦合煤岩层赋存模拟装置

该装置是用于赋存含水层煤系地层模拟铺设的装置,既能模拟含水砂层和煤系地层,还能确保所注入含水层内的水不发生大量泄露和倒架,见图 3-16,主要包括整体框架、注水孔、槽钢自动锁紧装置和预留出线槽。

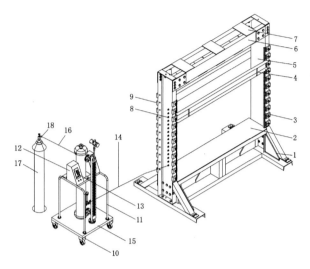

图 3-14  富水泥质围岩固流耦合相似模拟试验平台

1——底板支架；2——底板；3——出线槽；4——槽钢挡板；5——立柱；

6——横梁；7——横梁连接板；8——进水接头；9——槽钢挡板自动锁紧装置；

10——万向轮；11——支撑架；12——控制盒；13——数字显示水位表；

14——注水胶管；15——气液联动试验装置；16——注气胶管；

17——储气罐；18——出气接头

图 3-15  试验平台实物照片

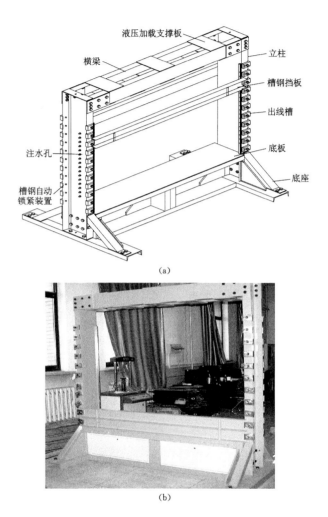

(a)

(b)

图 3-16 固流耦合模拟装置

（a）装置设计图；（b）装置实物照片

① 整体框架。整体框架由 10 mm 厚的钢板焊制而成,设计尺寸为 2 000 mm×1 600 mm×250 mm。该装置的前侧面装有 12 mm 厚的有机玻璃板,便于进行富水泥质巷道围岩变形破坏特征的统计观测和可视化开挖。该装置底部设计高为 300 mm 的底座支撑模型箱体,采用 8 mm 厚的角钢制作而成,两个立柱与底板支架的两端采用高强螺栓固定,底板支架、底板、立柱、横梁及墙板均为槽钢结构件,强度高,确保固流耦合模拟装置整体框架稳定可靠。

② 注水孔。左侧立柱的中部沿竖向加工 8 个注水孔,孔径均为 12 mm,孔间距为 70 mm;每个注水孔上均安装有进水接头,方便连接注水胶管,以便对应模拟不同层位的含水层,注水孔为内螺纹孔,可以通过缠绕生胶带保证注入的水体不会从注水孔接口处泄露;右侧立柱的对称位置处加工 8 个同规格排水孔,每个排水孔上均安装有排水接头。

③ 槽钢自动锁紧装置。立柱上与注水孔中心线相垂直的两个侧面上分别设置有多个槽钢挡板,每个槽钢挡板的两端通过两个自动锁紧装置与两个立柱固定连接。该自动锁紧装置替代了传统相似模拟模型铺设时用扳手螺栓人力拧紧固定槽钢挡板,固定快捷安全。

④ 预留出线槽。在槽钢自动锁紧装置上设有出线槽,将相似模型中预埋的应力应变传感器、水压传感器及离层监测的数据线引出至外部静态应变仪上,防止数据线被槽钢卡断。

(2) 气液联动试验装置

目前,氮气储运及控压技术得到普遍应用,使应用气压精准调控水压技术成为可能。如果将储气罐与储水容器相连接,该气压完全可用来精准调控相似模拟注水压力。气液联动试验装置主要由储气罐和压力水罐相互套接,采用气体压力的精确调节实现水压的精准控制。气液联动试验装置见图 3-17。

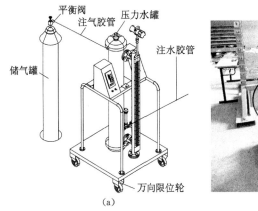

图 3-17 气液联动试验装置

（a）设计图；（b）实物图

① 储气罐。采用常规氮气储运罐，其底部安装有万向轮（优选为万向限位轮），便于将储气罐移动至需要位置。

② 压力水罐。压力水罐上部是储气空间，下部为储水空间。压力水罐固定在支撑架的底板上，支撑架的底部安装有四个万向限位胶轮，移动方便。压力水罐上端安装有进气接头（用来模拟不同层位含水层时连接注水胶管），其下端安装有放水阀，通过注水胶管与固流耦合模拟装置的进水接头相连。压力水罐的容积根据相似模拟试验中模拟含水层需水量、模拟水压力的大小确定，其有效高度为 1 300 mm、直径为 215 mm，最大压力为 80 kPa，可模拟 0～8 MPa 的真实含水层水压。

③ 气液连接管件。气液连接管件包括注水胶管、注气胶管。注水胶管和注气胶管均由双层钢丝网的橡胶材料制成，并且在注水胶管和注气胶管的两端分别压制有连接接头。注水胶管的一端与压力水罐的放水阀连接，另一端与固流耦合模拟装置框架上的注水孔连接。注气胶管的一端与压力水罐的进气接头连接，另一

端与储气罐的出气接头连接。

气液联动装置采用灌装氮气作为动力气源,通过注气胶管将具有一定压力的氮气注入压力水罐上部的储气空间(其下部为储水空间),通过调节氮气储气罐的平衡阀,使储气空间内压力恒定在初设值,下部储水空间内的水受到挤压,再打开压力水罐底部的注水阀门,通过注水胶管将某一标定压力的水注入提前铺设好的模拟含水层内,实现气压对水压的精准控制。

气液连接管件将压力水罐、储气罐与固流耦合模拟装置之间连接成一体,并与固流耦合相似材料配合完成富水泥质围岩变形破坏特征的试验模拟工作。

(3)水压、水量监测装置

水压、水量监测装置包括各种精密水压水量监测传感器和显示仪表,见图 3-18。

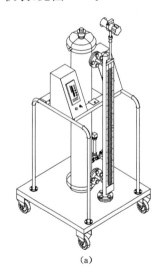
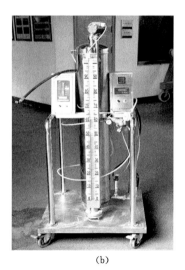

(a)                                      (b)

图 3-18　水压、水量监测装置

(a)设计图;(b)实物图

① 水量监测。在压力水罐的侧壁下部安装磁体式水位显示器(电子水位检测器),该磁体式水位显示器的下端通过法兰与支撑架的底板固定连接,上端与数显水位表相连,数显水位表精度为1.00 mm,用来监测压力水罐注入模拟含水层内的水量变化。该磁体式水位显示器(电子水位检测器)既能用于远距离肉眼观测水位(水量)的变化,又能通过与电子水位检测器相连的数显水位表实时显示压力水罐内水位(水量)的变化。

② 水压监测。在压力水罐的侧壁下部安装水压传感器,精度为0.001 MPa,用来实时监测压力水罐的出水压力值,水压传感器所检测到的压力数据通过控制盒上的数显水压表实时显示。

③ 集成显示。上述数显水压表、数显水位表和时间显示表均安装在集中控制盒内,集中控制盒固定在支撑架上,其上设有液晶显示屏,电子水位检测器所监测到的水位(水量)数据以及水力传感器所监测到的压力数据均集中显示在该控制盒上。

### 3.3.2　工作过程

(1) 试验平台组装

① 固流耦合模拟装置的组装

将提前加工完成的底板支架、底板、出线槽、槽钢挡板、立柱、横梁、横梁连接板、进水接头、槽钢自动锁紧装置和用于固定各部件的不锈钢螺栓运送至实验室内,除进水接头未装配外,其余按设计要求进行现场装配;在立柱中部间隔一定距离加工多个圆形注水孔,然后安装进水接头,以备在模拟不同层位含水层时,连接注水胶管。

② 气液联动试验装置的组装

将已经加工完成的万向轮、支撑架、放水阀、压力传感器、磁体式水位显示器、电压表、时间显示表、电子水位检测器、进气接头、控制盒、水位显示表、压力水罐和法兰运送至实验室内,将注水胶管的一端与压力水罐下端的放水阀连接,注水胶管的另一端与立柱侧面预先安装的进水接头连接,用来监测压力水罐注入模拟含水层内的水量。将注气胶管的一端与压力水罐的进气接头连接,注气胶管的另一端与储气罐的出气接头连接,用来监测压力水罐上部储气空间内气体压力的变化量。进而将气液联动试验装置、储气装置与固流耦合模拟装置连接成整体,即完成富水泥质围岩固流耦合相似模拟平台的组装。

(2)相似模型铺设

根据所模拟矿井的地质资料,依据相似理论,确定相似模拟试验各岩层配比及所需铺设的层数;按照试验方案,在固流耦合模拟装置内进行模型铺设;根据所模拟的含水层位置、层厚、岩性等地质资料,采用固流耦合相似材料,铺设煤层及其顶底板各岩层;采用鹅卵石、细砂、白色石英砂铺设含水层,并在其上下界面处刷涂隔水涂料;在含水层上方继续正常铺设固流耦合相似模拟材料,直至铺设至设计层数,完成模型铺设;在待开挖巷道及其顶底板特定位置处预埋岩层应力(应变)传感器、离层监测传感器等,将各传感器的数据线经出线槽引出至外部静态应变仪上,与电脑相连,实时监测开挖过程中煤岩体内应力(应变)及顶板离层变化情况。

(3)气液联动试验装置与固流耦合模拟装置连接

将注水胶管的一端与气液联动装置压力水罐下端的放水阀连接,另一端与固流耦合模拟装置立柱侧面预先安装的进水接头连接;注气胶管的一端与气液联动试验装置的进气接头连接,另一端与储气罐的出气接头连接。

(4)开始试验

打开储气罐的送气阀,气体经注气胶管进入压力水罐上部储气空间,使压力水罐内的水经注水胶管、进水接头进入固流耦合模拟装置中预先铺设好的含水层内;对模拟巷道及采煤工作面进行开挖,研究富水泥质巷道围岩裂隙发育及支护失效机理,观察并记录试验数据。

### 3.3.3 特点

(1)固流耦合模拟装置中的底板支架、底板、立柱、横梁及挡板均为槽钢结构件,且安装有自动锁紧装置,室内组装及模拟铺设灵活方便,减轻劳动强度。

(2)水模拟装置和储气装置均安装有万向轮,移动方便,实现气液联动试验装置与固流耦合模拟装置之间的快速连接,压力水罐和储气罐的外形均由不锈钢材质制成的圆柱缸体,利于维护和保养。

(3)储气装置为压力水罐上部储气空间提供动力气源,由于储气装置内的气体(氮气)压力易调控,确保气液联动试验装置注入模拟含水层内的水量、水压的精准调控。

## 3.4 巷道顶板离层模拟试验监测装置研制

富水泥质巷道围岩在泥质岩体强度衰减、裂隙水弱化围岩、非线性大变形、非协调支护等多重因素影响下,导致富水泥质巷道顶板软弱夹矸离层突变冒顶事故的发生。顶板离层作为煤矿巷道垮冒失稳事故的主要安全隐患,对巷道安全高效快速掘进及围岩稳定性控制影响显著,但是目前现场仅通过单一的顶板离层量等参量,对富水泥质巷道离层预警及顶板稳定性评价是欠妥的。如在顶板离层监测中,许多煤矿将回采巷道顶板离层预警值设定为40~60 mm,当离层变形超过此值时,才认定顶板有失稳垮冒危险,但调研、现场实测发现,此类巷道在顶板离层值及锚杆(索)支护体受力均较小的情况下,仍发生冒顶事故,即离层处于渐进发育期的表象低值容易掩盖处于突变急增垮冒失稳期的实质峰值。因此,开展富水泥质巷道顶板离层突变垮冒致灾演化过程的研究具有重要的理论意义和工程实践指导价值。

已有研究成果表明,相似模拟试验是研究巷道顶板离层发育规律的重要途径之一,而相似模拟离层监测装置的研制是相似模拟试验能否成功的关键。在国内已有的相似模拟试验用顶板离层监测装置中,大多采用顶板离层指示仪、光纤光栅(FBG)离层监测系统、声波扫描及全景摄像等方法,分析巷道开挖及后续工作面回采引起的巷道离层变形,但传统的机械式顶板离层仪测量误差大,无法实时精准监测相似模拟试验巷道开挖全过程产生的微小顶板离层量,光纤光栅离层监测系统制作工艺复杂,声波扫描及全景摄像钻孔淋湿时图像模糊及穿过富水破碎围岩层时易塌孔导致仪器损坏等问题。为此,本书基于相似模拟理论,自主研制了巷道顶板离层模拟试验监测装置,该装置基于精密位移传感技术能够实时监测记录相似模拟巷道开挖顶板离层渐进发育至突变致灾演化全过程,并通过典型富水泥质巷道顶板离层突变垮冒相似模拟试验,研究顶板离层渐进演化规律及离层安全临界值的确定,为前置性处置富水泥质巷道围岩层失稳灾害提供理论依据。

### 3.4.1 顶板离层模拟试验监测装置设计

巷道顶板离层模拟试验监测装置由三部分构成:离层监测组件、离层位移传导组件和离层位移传感监测记录显示组件。其结构示意见图 3-19。

(1)离层监测组件

该组件包括预埋导管Ⅰ、预埋导管Ⅱ、深部离层监测基点Ⅰ、浅部离层监测基点Ⅱ。预埋导管Ⅰ的顶端安装深部离层监测基点Ⅰ,预埋导管Ⅱ的顶端安装浅部离层监测基点Ⅱ,通过试验专用钢丝绳引导至预埋导管的底部孔口外,通过固定在直角型高强度梁式支架上的导向滑轮组Ⅰ和Ⅱ与放置在相似模拟试验台侧边的离

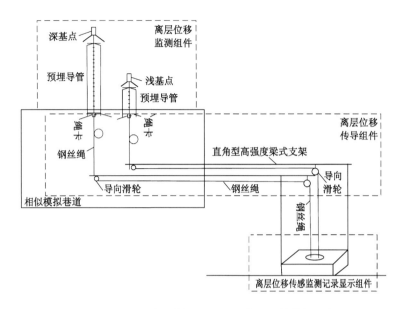

图 3-19　巷道顶板离层模拟试验监测装置整体结构示意图

层位移传感监测记录显示组件相连接。

① 预埋导管。它由多节带螺纹的短管连接而成,确保导管的高度可调,以实现将深部离层监测基点Ⅰ和浅部离层监测基点Ⅱ安装至合适的巷道顶板围岩层位。煤矿井下离层监测深部基点的实际深度通常为 7～10 m,浅部基点的实际深度通常为 1.8～2.5 m,依据相似原理,巷道离层模拟试验取相似比为 1∶25,计算出预埋导管Ⅰ的设计深度为 28～40 cm,预埋导管Ⅱ的设计深度为 7～10 cm。也可采用固定长度的短管设计,固定每节螺纹短管具有 5 cm、3 cm、2 cm 等标准长度,根据相似模型的铺设比例及巷道模拟尺寸,自由组合。

② 离层监测基点。它具有锚头和倒爪,与孔壁四周配合使用。当巷道模拟开挖至预埋导管位置处,将分节螺纹连接的预埋

导管垂直拽出,离层监测基点的倒爪牢牢固定在孔壁四周,连接离层监测基点的试验用钢丝绳另一端经由固定在直角型高强度梁式支架上的导向滑轮的引导,与放置在相似模拟试验台侧边的离层位移传感监测记录显示组件连接。

（2）离层位移传导组件

该组件包括直角型高强度梁式支架、导向滑轮组和试验用钢丝绳（见图 3-20）。

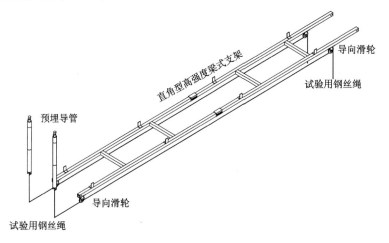

图 3-20　离层位移传导组件结构示意图

① 直角型高强度梁式支架和导向滑轮组。包括可伸缩金属托架Ⅰ和Ⅱ、导向滑轮 1#～4#。1# 和 2# 导向滑轮分别固定在可伸缩金属托架Ⅰ的横向杆的左侧端、右侧端;3# 和 4# 导向滑轮分别固定在可伸缩金属托架Ⅱ的横向杆的左侧端、右侧端。离层位移传导组件的直角型高强度梁式支架的高度可调、长度可伸缩,以适应不同层位处开挖巷道的需求,并将离层位移监测组件监测到的离层位移传导至离层位移传感监测记录显示组件。

② 试验用钢丝绳。采用仪器专用钢丝绳,钢丝绳断面直径为

0.8 mm,每根钢丝绳由 49 条细钢丝编织而成,满足试验强度要求。

（3）离层位移传感监测记录显示组件

该组件包括连接离层监测深、浅基点的两组电阻式位移传感器、精密离层位移检测电路、单片机电路、人机接口电路、存储电路、通信电路和计算机,见图 3-21。

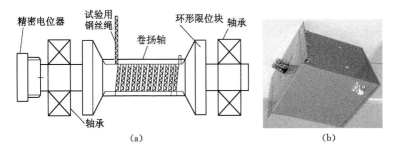

图 3-21　离层位移传感监测记录组件

（a）结构示意图;（b）实物图

① 离层位移检测电路。系统中离层位移的检测通过拉绳式位移测量模块配合相应的放大调整电路实现。为了实现电流信号的精确测量,检测电路采用单电源 12 V 供电的运放 LM358 设计。通过本电路实现 0～20 mA 电流向 0～5 V 电压的转换,单片机根据测得的电压值计算位移量。

② 单片机 CC2420 接口电路。单片机与无线收发器 CC2420 的接口电路实现物理层的数据收发和底层控制,通过 SFD、FIFO、FIFOP 和 CCA 四个引脚指示收发数据的状态;单片机通过 SPI 接口与 CC2420 交换数据和发送命令。

③ 人机接口电路。为方便使用,实现测量参数的标定与显示,系统设计了按键与显示模块。利用矩阵键盘配合接口电路可方便地选择功能及输入设置参数;利用液晶屏实时显示测量

位移值。按键接口采用 74HC148 设计,液晶屏采用 LCD1602 设计。

（4）位移传感监测过程

离层位移传导组件将离层位移量传递至离层位移传感监测记录显示组件内部安装的电阻式位移传感器上,电阻式位移传感器将信号传递至精密恒流源电路,精密恒流源电路将信号传递至单片机电路,单片机电路与人机接口电路、存储电路、通信电路之间双向传递信号,从而实现相似模拟巷道开挖顶板离层实时在线监测与数据显示。同时,也可设置报警阈值,实现相似模拟巷道开挖顶板离层实时监测报警功能。

（5）监测精度

所用精密恒流源电路电流范围为 0～20 mA,位移传感器型号为 STS-R-1000,单片机型号为 STC12C5A60S2,位移传感器测量长度的范围为 0～200 mm,精度可达 0.1 mm,位移传感器灵敏度高,确保实时监测记录相似模拟巷道开挖产生的微小顶板离层量。

### 3.4.2 离层监测装置工作原理

（1）工作原理

巷道顶板离层模拟试验监测装置的工作原理如下:在实验室分层铺设相似模拟各岩层,当铺设至巷道顶板层位时,在模拟开挖巷道的预定位置,沿垂直方向,在同一垂直剖面内,同排预埋长短两根导管,预埋导管采用分节螺纹连接（以便根据研究需要,调整离层监测基点的安装深度）,预埋导管内分别预安装离层监测深基点和浅基点,离层监测基点一端由细钢丝引导至导管底部孔口处。继续铺设上覆各岩层,直至整个相似模拟铺设完毕。然后在设计位置进行模拟巷道开挖,开挖至预埋导管位置处,首先固定导管底部孔口处外露的试验用钢丝绳,然后将分节螺纹连接的导管垂直拽出,离层监测基点上的锚爪牢牢固定在孔壁四周。随着模拟巷道继续向前开挖,在掘巷扰动应力作用下或者受临近采煤工作面采动影响,该巷道顶板覆岩预埋导管位置处产生离层,与锚头连接的试验用钢丝绳被拉伸,将顶板离层量转化为钢丝拉伸量。继而通过离层位移传导组件导向滑轮组的引导,将离层位移量传递至离层位移传感监测记录显示装置内部的两个精密电阻式位移传感器,通过位移检测电路将模块输出的 $0 \sim 20$ mA 的电流信号转换为 $0 \sim 5$ V 电压信号,供单片机采样。单片机根据采样的电压值,分析计算得到深部和浅部离层位移量,并将离层量监测结果通过人机接口电路、存储电路、通信电路之间的双向传递信号,最终通过按键与显示模块的液晶屏实时显示测量离层值,从而实现相似模拟巷道开挖顶板离层实时在线监测与数据显示。原理见图 3-22。

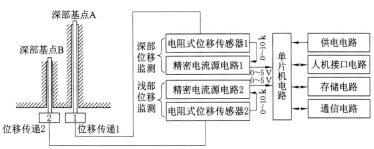

图 3-22　巷道顶板离层模拟试验监测装置原理图

(2)装置特点

① 设计的多节螺纹连接预埋导管,确保导管高度可调,实现离层监测基点安装至合适的巷道顶板层位。离层监测基点的预设预埋,克服了模拟巷道开挖后人工钻孔安装离层监测基点的操作不便和安装精度无法精准掌控的问题。

② 利用可伸缩金属托架高度可调、长度可伸缩的特点,以及导

向滑轮组的离层位移传导作用(发挥两次导向作用:垂直至水平,水平至垂直),以适应模拟开挖巷道处于不同层位时均能将离层位移量传导至外部监测记录显示组件,克服了模拟巷道开挖空间狭小,无法将离层位移监测记录装置全部放入巷道空间内部的局限性。

③ 采用精密位移传感器(型号:STS-R-1000,精度 0.1 mm),灵敏度高,能够实时监测记录相似模拟巷道开挖产生的微小顶板离层量。

### 3.4.3 离层监测装置可靠性综合测试

为测试装置对离层监测的可靠性并获得测量误差控制范围,在实验室进行了巷道顶板离层模拟试验监测装置的可靠性综合测试。试验采用 STS-R-1000 型位移传感器,对顶板离层监测装置的两个并行离层监测深、浅基点分别进行了综合测试。

(1)测试过程

两组位移传感器分别用于监测深部离层位移和浅部离层位移,离层位移量的标准值通过游标卡尺读取;巷道离层监测组件监测到的巷道顶板离层量通过离层位移传导组件传递至电阻式位移传感器,传感器完成离层位移的感知和处理,单片机根据采样电压值计算离层位移量,并将结果通过人机接口电路、按键与显示模块的液晶屏实时显示测量离层值。

(2)测试结果

试验数据及误差分析见表 3-7,可知:该巷道离层监测装置测量误差能够控制在±2%,离层位移变化量的测试值与标准值(真实值)之间的线性相关系数达到了 0.98 以上,表明位移传感器监测到的形变量与相似模拟巷道开挖顶板离层量呈良好线性关系,单片机根据采样电压值分析计算得到的离层位移量能够准确可靠对应相似模拟巷道开挖产生的真实顶板离层量,从而实现了离层位移的精准测量。

表 3-7　　　　　巷道离层监测传感装置综合测试数据表

| 标准值/mm | 深部离层监测基点 | | 浅部离层监测基点 | |
|---|---|---|---|---|
| | 测量值/mm | 误差/mm | 测量值/mm | 误差/mm |
| 20 | 20.2 | 0.2 | 20.4 | 0.4 |
| 50 | 50.8 | 0.8 | 51.2 | 1.2 |
| 100 | 102.0 | 2.0 | 102.5 | 2.5 |
| 150 | 152.8 | 2.8 | 153.2 | 3.2 |
| 200 | 203.6 | 3.6 | 204.2 | 4.2 |

# 3.5　试验原型地质概况及试验准备

## 3.5.1　地质概况

以芦岭煤矿富水泥质巷道围岩(二水平采区上山)为原型。在 9 煤底板下方开挖上山巷道,该条上山所处围岩为泥质软岩,且顶板淋水。该巷道断面形状为直墙半圆拱,原型巷道高度 3.5 m,宽度 4.6 m,该巷道在掘进及后期使用过程中出现规模不等的 3 次局部冒顶,均由于富水泥质软弱夹层离层发育突变所致,所幸未造成人员伤亡。顶板离层下沉地段出现锚杆及其构件损毁失效,U 型钢梁下沉弯曲等现象。为切实保障此类巷道掘进支护安全,需研究富水泥质巷道围岩失稳与顶板离层安全临界值的关系,得出巷道局部失稳离层判据,为构建富水泥质软岩巷道失稳倾向性监控指标提供基础数据。为掌握芦岭煤矿富水泥质巷道围岩的物理力学指标和物理性质参数,进行了试样的现场采取和室内试验分析工作。测定巷道顶底板岩石试样的抗拉强度、抗压强度、抗剪强度和变形参数,试验按照《煤和岩石物理力学性质测定方法》中的要求进行。

### 3.5.2 试验准备

（1）确定相似常数

试验沿煤层走向铺设模型。根据试验平台尺寸与实际煤岩厚度相比较，固流耦合相似模拟试验需满足几何相似、时间相似、运动相似、动力相似以及承压水压力相似。模型均不考虑岩土体蠕变性质，仅从地质力学角度和渗流角度使用相同的时间比尺，比照表中的无量纲乘积，则模型与原型在时间、应力等方面是相似的。

所用固流耦合模拟装置整体尺寸为 $2\,000\ mm \times 1\,600\ mm \times 250\ mm$（长×高×宽），试验模型几何相似比 $C_l$ 为 100，容重相似比 $C_\lambda$ 为 1.5，渗透系数相似比 $C_k$ 为 10，应力相似比 $C_\sigma$ 为 150，时间相似比 $C_t$ 为 10。此外，根据模拟水压计算出施加水压 $50\ kPa$。

（2）模拟材料的选择及性能测试

先期开展了固流耦合相似材料配比试验工作，在传统固体相似材料配比（细砂、碳酸钙、石膏）基础上，使用石蜡、凡士林等作为主要胶结材料，通过调节各组分含量，共完成 48 组正交试验，研制了低强度（0.08～0.56 MPa）、石蜡基（5%～8%）固流耦合相似模拟材料，组分包括细砂、碳酸钙、石膏、石蜡、凡士林。

根据《煤和岩石物理力学性质测定方法》对该相似材料标准试样进行物理力学及水理性参数测试。不同配比的试样强度测试结果表明：在一定范围内，石蜡含量越高，试样胶结越密实，试样抗压强度和抗拉强度越高，当石蜡含量超过 8% 以后，抗压强度和抗拉强度增幅变小；该材料在水中不发生崩解且浸水后测试试样的抗压强度能达到未浸水强度的 86.5% 以上。利用 HLB 系列恒流泵式渗透仪对各配比相似材料制作的标准试样进行渗透系数测试，渗透系数的变化范围为 $(0.127～2.270)\times10^{-5}\ cm/s$；石蜡含量对材料渗透性影响明显，含量越高材料渗透系数越小，当其在 5%～8% 范围时试样的渗透系数在 $(0.980～0.204)\times10^{-5}\ cm/s$ 范围内波动。上述测试结果表明该石蜡基相似材料可满足固流耦合相似模型试验要求,并申请了发明专利。使用上述固流耦合材料进行芦岭煤矿富水泥质巷道围岩煤系地层的逐层铺设。

（3）模型铺设及开挖

根据模拟方案,按照配比将模拟材料配置好,在搅拌机中进行均匀搅拌之后,按照柱状图从下至上次序将材料依次配好压实,铺设至巷道预开挖位置时,沿巷道开挖前进方向,在距离预开挖初始面 4.0 m 位置处预埋离层监测导管和离层监测深浅基点,以便连续观测上部工作面回采过巷道测点前和过测点后顶板离层发育扩展全过程。然后继续铺设上覆各岩层,直至整个相似模型铺设完毕。其中,上覆含水层使用鹅卵石、石英砂、细砂,按照 3∶3∶4 的体积比进行铺设。鹅卵石直径 10～30 mm,白色石英砂粒径0.75～1.25 mm,细砂粒径<0.56 mm。鹅卵石、石英砂和细砂三者体积比及粒径的选择因含水层的渗透性能而定。由于实验室水呈弱碱性,向水中加入酚酞指示剂(0.5%酚酞的乙醇溶液),遇碱变红色,便于模拟过程的可视化宏观观测。

等待三周后模型彻底干透,首先模拟开挖巷道,将离层位移传感监测记录显示组件和离层位移传导组件相连接,并调节离层位移传导组件的可伸缩金属托架的高度和长度,以适应开挖巷道所处层位高度;随后按照时间形似比按顺序分步开挖上部采煤工作面。并实时监测巷道围岩应力、变形及顶板离层发育扩展特征。

模型铺设过程及铺设完成后的图片见图 3-23 和图 3-24。

（4）模拟巷道支护

按巷道模拟试验取相似比为 1∶25,算出模型巷道宽度 184 mm,高度 140 mm。采用锚网索支护,锚杆材质为钢材,弹性模量为 $3.0 \times 10^5$ MPa,按相似比计算相似材料弹性模量应为 $10.0 \times 10^3$ MPa,选取与之相近的 5 A 保险丝(弹性模量为 $10.5 \times 10^3$ MPa)制作锚杆和锚索,原型真实巷道使用的锚杆 $\phi 20 \times$

图 3-23 相似模型铺设过程

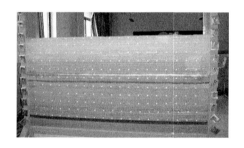

图 3-24 相似模型铺设完毕

2 400 mm，锚索 $\phi$15.24×6 300 mm，则使用保险丝制作的模型锚杆 $\phi'$1×96 mm，模型锚索 $\phi'$0.76×252 mm。相似试验用锚杆、锚索金属网见图 3-25。

图 3-25 相似试验用锚杆、锚索、金属网

（5）模拟含水层注水

待模型晾干后,将气液联动装置中各构件用导管连接,并通过注水橡胶导管向提前铺设的含水层内注水。随工作面开采,持续对注水孔注水,同时监测注水压力和注水量。工作面回采及下部巷道开挖过程中,随覆岩裂隙发育,当采动裂隙波及含水层底界面时,含水层内的水将沿裂隙下渗、扩散,压力水罐中注水压力将发生动态变化。煤层每回采一定距离,对应监测记录压力水罐内注入水的压力。

### 3.5.3 监测系统预调

（1）水压、水量监测

压力水罐确保注水压力在 $0\sim0.1$ MPa 区间变化,根据控制仪表精确读数,当渗流时间是 20 min,含水层指示剂颜色由浅红变为深红,且整个含水层颜色统一,压力水罐水位不再持续下降时,即认为含水层的水压达到 0.1 MPa,此时压力水罐水位下降 36 cm,水量 4.8 L(压力水罐直径为 215 cm),水量在试验过程中,一直处于补给的状态。

（2）采动应力监测

为对应研究工作面回采期间采动应力沿底板传递特征,分析富水泥质上山受上部工作面采动影响围岩应力场变形规律,在煤层底板沿回采方向布设两条采动应力监测线,分两层布置,每层 6 个,共埋设 12 个 YHD-50 型电阻式应变传感器,外接 DH3810N-2 应变调节器,采用东化测试型动态电阻应变仪进行采动应力监测,研究煤层开采过程中对下部泥质巷道围岩应力的分布规律,见图 3-26。

（3）围岩变形及裂隙发育监测

在上山与上部煤层之间共布设 5 条围岩变形观测线,测点间距为 10 cm,采用全站仪观测。围岩裂隙发育监测采用高速摄像

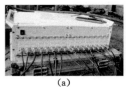  

(a)　　　　　　　　　(b)　　　　　　　　　(c)

图 3-26　动态信号测试分析系统图

(a) 动态采集装置；(b) 应变适调器；(c) 处理软件

机,对巷道掘进及后续回采引起的覆岩裂隙及变形破坏过程进行跟踪拍摄,同时绘制素描图。

表 3-8 模型试验配比表

| 岩性 | 配比号 | 厚度/mm | 密度/(g/cm³) | 抗压强度 | | 质量/kg | | | |
|---|---|---|---|---|---|---|---|---|---|
| | | | | $\sigma_{cp}$/MPa | $\sigma_{cm}$/kPa | 砂 | 碳酸钙 | 石膏 | 水量 |
| 承载层 | 537 | 200 | 1.5 | 45 | 210 | 125.0 | 7.50 | 17.50 | 1/7 水 |
| 粉砂岩 | 537 | 100 | 1.5 | 35 | 210 | 62.5 | 3.75 | 8.75 | 1/7 水 |
| 细砂岩 | 437 | 130 | 1.5 | 45 | 270 | 78.0 | 5.90 | 13.70 | 1/7 水 |
| 粉砂岩 | 537 | 100 | 1.5 | 45 | 270 | 62.5 | 3.80 | 8.80 | 1/7 水 |
| 泥岩 | 755 | 60 | 1.5 | 20 | 120 | 39.4 | 2.80 | 2.80 | 1/9 水 |
| 粉砂岩 | 537 | 70 | 1.5 | 45 | 270 | 43.7 | 2.66 | 6.16 | 1/7 水 |
| 泥岩 | 755 | 70 | 1.5 | 20 | 120 | 45.9 | 3.30 | 3.30 | 1/9 水 |
| 粉砂岩 | 537 | 80 | 1.5 | 74 | 446 | 50.0 | 3.00 | 7.00 | 1/7 水 |
| 泥岩 | 755 | 60 | 1.5 | 20 | 120 | 39.4 | 2.80 | 2.80 | 1/9 水 |
| 8 煤 | 773 | 80 | 1.5 | 10 | 60 | 52.4 | 5.28 | 2.24 | 1/9 水 |
| 泥岩 | 755 | 30 | 1.5 | 22 | 134 | 19.7 | 1.40 | 1.40 | 1/9 水 |
| 9 煤 | 773 | 20 | 1.5 | 10 | 60 | 13.1 | 1.30 | 0.60 | 1/9 水 |
| 粉砂岩 | 537 | 70 | 1.5 | 74 | 446 | 43.7 | 2.66 | 6.16 | 1/7 水 |
| 砂质泥岩 | 555 | 30 | 1.5 | 25 | 150 | 11.3 | 5.60 | 5.60 | 1/9 水 |

| 岩性 | 配比号 | 厚度 /mm | 密度 /(g/cm³) | 抗压强度 | | 质量/kg | | | |
|------|--------|----------|---------------|----------|----------|---------|----------|--------|--------|
| | | | | $\sigma_{cp}$ /MPa | $\sigma_{cm}$ /kPa | 砂 | 碳酸钙 | 石膏 | 水量 |
| 砂质泥岩 | 537 | 70 | 1.5 | 35.0 | 210 | 43.8 | 2.60 | 6.10 | 1/7 水 |
| 泥岩 | 755 | 50 | 1.5 | 22.4 | 134 | 32.8 | 2.30 | 2.30 | 1/9 水 |
| 细砂岩 | 437 | 70 | 1.5 | 45.0 | 270 | 42.0 | 3.15 | 7.35 | 1/7 水 |
| 泥岩 | 755 | 80 | 1.5 | 22.4 | 134 | 52.5 | 3.75 | 3.75 | 1/9 水 |

注:配比号的意义,第 1 位数字代表砂胶比,第 2、3 位数字代表胶结材料中两种胶结材料的比例关系,第 2 位是碳酸钙,第 3 位是石膏。

（4）其他辅助设备

干燥箱、加热搅拌机（见图 3-27）主要用于对材料进行均匀搅拌混合,方便下一步模型铺设。石蜡、凡士林等需要先融化再进行加热;必须加热到一定温度与其他骨料物品混合,装模冷却后方具有一定的力学性质。

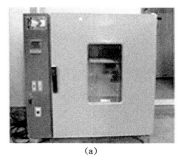 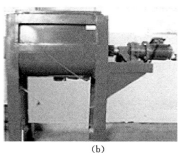

（a） （b）

图 3-27 试验主要辅助设备图

（a）干燥箱;（b）加热搅拌机

# 3.6 试验结果

## 3.6.1 覆岩运移裂隙通道发育规律

煤层开采后将引起上覆岩层的变形、移动和破坏,并逐步向上发展,在上覆岩层中自下而上形成冒落带、裂缝带和弯曲下沉带。众所周知,上覆岩层特别是基本顶的破断、回转对工作面矿压显现有至关重要的影响,但上覆岩层的移动和破坏同样会影响底板巷道的稳定性,研究上覆岩层的破断垮落特征对深入研究底板岩层的应力分布规律、合理确定底板上山巷道加固时机、保证富水泥质巷道稳定性有着极其重要的作用。

(1)直接顶初次垮落

工作面推进 33 m 时煤层上覆直接顶出现裂隙。当工作面推进至 38 m 时,直接顶初次垮落,具有明显的块状结构,最大岩块长 12.2 m,垮落高度为 1.9 m,垮落整体呈现"平拱"形态,平拱跨度 34 m,岩层垮落角 65°,见图 3-28。当工作面继续回采,直接顶上位岩层沿水平、垂直方向上离层裂隙均发育。

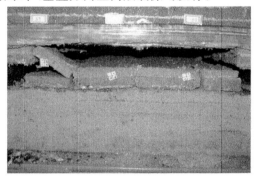

图 3-28 直接顶初次垮落

（2）基本顶初次来压及周期来压

当工作面推进 53 m 时,基本顶下位岩层产生离层裂隙,其下位岩层呈悬臂梁结构持续扩展垮落,见图 3-29,致使基本顶初次来压,初次来压步距 53 m,垮落呈现平拱形态,垮落体顶部水平跨度 38 m,岩层垮落角 60°,垮落拱下方岩层被以垂向发育为主的裂隙所贯通。此时,沿开切眼煤柱侧斜向顶板上方的破断裂隙发育延伸至距煤层顶部 34 m 处。

图 3-29　基本顶初次垮落

随后,工作面推进 65.5 m 和 78.5 m,工作面出现第一次和第二次周期性垮落,周期来压步距为 12.5 m 和 13.0 m,此时,沿开切眼煤柱侧斜向顶板上方的破断裂隙发育延伸至距煤层顶部 45 m 处,裂隙已导通上覆含水层,肉眼可见染色的承压水沿着贯通裂隙下渗扩散。

工作面推进 140 m 时,基本顶出现第 6 次周期来压,覆岩裂隙发育至距煤层顶部 94.5 m 处,在工作面煤壁侧和开切眼煤柱侧有两条明显的斜向顶板上方发育延伸的破断裂隙,裂隙发育,顶板破断沿煤壁形成贯通裂缝,贯通裂缝为上宽下闭状。裂隙上部宽度约为 0.5 cm,到中部为 1 cm,到下部闭合,发育角为 58°。其间,导水裂隙带发育高度虽然已经导通上覆承压含水层,但在采空区重新压实区域及其顶板上覆岩层之间的裂隙出现闭合现象。主要原因分析如下:开切眼煤柱侧和工作面煤壁侧,随煤层被采出,覆岩变形剧烈,包括含水层在内的上覆各岩层直至松散层出现塑性变形,且裂隙贯通,容易导通上覆含水层。但在采空区重新压实区范围内,关键层及其下的直接顶先破断垮落、充填采空区,随后关键层破断,其回转下沉空间较小,上覆含水层底部岩层向下位岩层位移空间受限,采空区逐渐被压实,原有裂隙重新闭合,有利于阻隔裂隙水继续向下部泥质巷道围岩渗入。

### 3.6.2　不同回采阶段注水压力变化特征

（1）含水层内注水压力、流量变化

试验开始时,调节气液联动调控装置中的平衡阀,按梯度渐变增大注水压力的方式,将压力水罐中的水不断注入模拟含水层,直至设计模拟水压力值 50 kPa。通过压力水罐侧壁下部安装的水压传感器和磁体式水位显示器的精确读数,当注水时间持续 25 min,控制盒上的数显水压表稳定显示水压 50 kPa,数显水位表显示压力水罐内水位不再持续下降（共注入 2.4 L）,且预先加入酚酞指示剂的含水层颜色由浅红变为深红,整个含水层颜色统一,即表明模拟含水层注水工作完成,可以进行下部煤层开采及巷道开挖。模拟含水层水压力加载曲线见图 3-30,水压力-流量关系曲线见图 3-31,水压力与流量不成线性关系,随着水压力的渐变增大,流量的变化率增大,单位时间内注入含水层的水量增加。原因:在梯度渐变不断注水直至设计水压力值的过程中（0～50 kPa）,含水层底部界面裂缝劈裂、扩展,导致流量增速加大。

（2）不同回采阶段水压力变化特征

利用预埋在含水层底部的水压监测传感器（型号:SRK-2088,精度 0.5 kPa）,对应监测随下部工作面回采上覆含水层内水压力

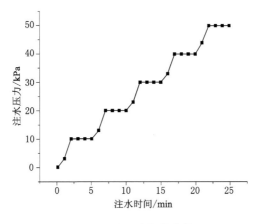

图 3-30 水压力加载曲线

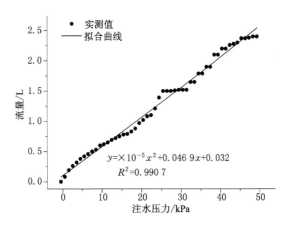

图 3-31 水压力-流量关系曲线

变化,从而得到不同回采阶段含水层水压力变化特征(见图 3-32):保持初始值(裂隙渐次发育;初次来压前)、缓慢下降(裂隙逐渐贯通,水沿裂隙缓慢下渗扩散;经历多次周期来压)、急剧下降至零(水沿裂隙快速急剧下渗扩散)。

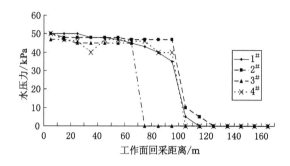

图 3-32　不同回采阶段水压力变化曲线

### 3.6.3　覆岩运移裂隙通道发育阶段划分

（1）导水通道渐次发育阶段。当工作面推进 53 m 后,采场顶板初次来压,从模型正面观察,覆岩垂直方向不断有渐次发育形成的新裂隙,但并未导通上覆承压含水层。

（2）导水通道贯通阶段。当工作面经历初次来压后,在第一次周期来压时,位于开切眼煤柱侧斜向上方的岩体裂隙增多、扩展、贯通。

（3）裂隙水入渗巷道围岩阶段。工作面继续推进,位于工作面煤壁侧的上方岩体裂隙沿斜后方发展,与上覆承压含水层导通,形成前方导水通道;位于开切眼煤柱侧斜向上方的岩体裂隙也与上覆含水层导通,形成后方导水通道。裂隙水沿着导水通道继续下渗进入底板巷道围岩,造成巷道顶板渗水、淋水。

### 3.6.4　底板巷道围岩应力动态演化规律

研究煤层底板应力的动态演化规律,对于分析富水泥质底板巷道的维护方式、合理确定富水泥质围岩控制方案都有十分重要的意义。尤其是芦岭煤矿典型富水泥质巷道围岩,受上部工作面采动影响,不仅引起回采空间周围煤岩体应力重新分布,集中应力还会向煤层底板传递,在底板岩层一定范围内应力重新分布,成为影响富水泥质底板巷道布置和维护的十分关键的因素。

为了研究该类典型富水泥质上山在上部采动应力沿底板岩层的传递规律,在煤层底板 5 m、15 m、30 m 深处分别布置了 3 条测线,共埋设 18 个 BW-3 型压力盒。经过处理所测的数据,得出底板不同深度岩层应力分布特征,见图 3-33。

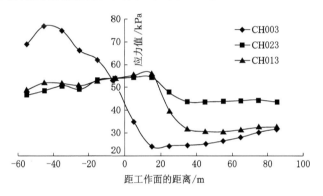

图 3-33　开采煤层底板(巷道顶板)不同深度应力分布

CH003 代表距离 9 煤层底板 5 m 处的压力盒,CH013 代表距离 9 煤层底板 15 m 处的压力盒,CH023 代表距离 9 煤层底板 30 m 处的压力盒。由测试结果可知:

(1) 受上部工作面采动影响,最靠近煤层底板处(底板 5 m 处)测点最大压力达到 77.04 kPa,应力集中系数达到 1.93。

(2) 在煤层底板不同深度应力集中与卸载程度差异较大,越靠近煤层底板岩层内应力集中与卸载程度越大,越远离煤层底板岩层内应力集中与卸载程度越小。底板 5 m 处测点距离煤层最近,其应力集中与卸载的程度最大;在工作面后方采空区该点的卸载程度最大,低于原岩应力,最小应力为 24.05 kPa。

（3）距离煤层最远的测点（底板 30 m 处），该点位于富水泥质巷道顶板处，应力变化较为缓和，应力变化幅度较小，有"静载荷"特征。

### 3.6.5 富水泥质巷道顶板离层监测结果

在进行上述固流耦合相似模拟试验过程中，采用自主研制的巷道顶板离层模拟试验监测装置，开展富水泥质巷道离层演化规律相似模拟试验，对富水泥质围岩顶板离层渐进发育规律及离层安全临界值的确定进行研究，为构建富水泥质巷道失稳倾向性监控指标提供基础数据。

上部工作面距下部巷道不同距离时的离层位移量监测结果见图 3-34。可知，富水泥质巷道顶板离层发育过程可划分为裂隙发育离层孕育阶段、离层急剧扩展阶段、离层渐进趋稳阶段和离层突变垮冒 4 个阶段。

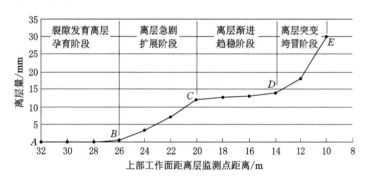

图 3-34 采动影响下富水泥质巷道顶板离层发育全过程

（1）裂隙发育离层孕育阶段（AB 段，无离层）。上部工作面距离下部底板巷道较远时，离层监测基点并未监测到离层位移量。此阶段在有限的采动扰动影响下，巷道顶板煤（岩）体内部仅表现为裂隙损伤、裂纹扩展，并没有发生巷道软弱夹矸顶板离层现象。

（2）离层急剧扩展阶段（$BC$ 段,离层急剧增大）。顶板煤（岩）体经历裂隙发育和离层孕育阶段之后,含软弱夹矸顶板岩梁经历塑性强化后承载能力逐渐下降,当上部工作面距离下部巷道 26 m 时,首次监测到微小离层位移量（$B$ 点）,随后继续开采,巷道顶板煤（岩）体内部离层作用加剧,离层量急剧增大,当上部工作面距离下部巷道 20 m 时（$C$ 点）,离层量增大至 12.0 mm。

（3）离层渐进趋稳阶段（$CD$ 段,离层增速趋缓）。随上部工作面继续回采,逐渐靠近监测点,离层急剧增大的趋势未能继续保持,而是逐渐变缓,离层量不再快速增大,进入相对稳定平缓阶段。离层位移量由 12.0 mm（$C$ 点）仅增大至 14.0 mm（$D$ 点）。主要原因:巷道顶板煤（岩）体经历离层急剧扩展阶段后,软弱夹矸分离下沉活化,此种"活化软弱夹矸"起"软弱垫层"作用,在一定程度上减缓了顶板覆岩层间分离,导致顶板离层量增速变缓,进入离层渐进趋稳阶段。

（4）离层突变垮冒阶段（$DE$ 段,离层突变）。随着上部工作面继续回采,巷道顶板煤（岩）层经历可控离层分步积累后进入突变激增状态,导致顶板岩层岩梁失去自承载能力,当上部工作面距离下部巷道 10 m 时（$E$ 点）,离层位移量激增至 30.0 mm,顶板（富水泥岩）发生离层大变形突变垮冒。

图 3-34 中 $D$ 点即为渐进趋稳阶段向突变垮冒阶段转换的临界点。① 当离层发育至 $D$ 点时,在现有锚网索支护条件下,如果不采取及时补强加固措施,承载结构不足以抵抗顶板软弱夹矸层间分离下沉趋势,顶板离层将呈突变式急增扩展（经历 $DE$ 阶段）,直至诱发失稳垮冒事故。该类型的顶板离层称为突变致灾型离层。② 当支护设计科学合理,承载结构足以抵抗顶板离层下沉趋势（渐变趋稳型离层）,当离层发育至 $D$ 点时,在现有锚网索支护条件下,若能及时补强加固顶板,使得承载结构能够抵抗顶板软弱夹矸层间分离下沉趋势,顶板离层值突变激增的潜在动能被补强

加固体承担,围岩将不会经历突变垮冒阶段。该类型的顶板离层称为渐变趋稳型离层。

巷道离层突变垮冒失稳演化过程见图 3-35。

(a)　　　　　　　　　　(b)

(c)　　　　　　　　　　(d)

图 3-35　巷道离层突变垮冒失稳演化过程

(a) 巷道开挖;(b) 离层渐进缓慢发育;

(c) 渐进趋稳向突变垮冒转变;(d) 离层突变垮冒

## 3.7　本章小结

(1) 研制了新型固流耦合相似模拟材料。根据相似理论,在固体模型材料研究的基础上,使用石蜡、凡士林等作为主要胶结材料,研制了具有良好抗渗性、非亲水性、强度 0.1~0.5 MPa 的石蜡基(5%~8%)固流耦合相似模拟材料,组分包括细砂、碳酸钙、石膏、石蜡、凡士林。性能测试结果表明:该石蜡基相似材料耐水性和抗渗性较好,其组分的合理组合可以满足固流耦合相似模型试验要求。

(2)自主设计了富水泥质围岩固流耦合相似模拟试验装置,实现了富水泥质围岩气液联动相似模拟,为研究富水泥质围岩变形破坏及失稳机理提供了基础试验平台。

(3)根据精密位移传感原理研制了巷道顶板离层模拟试验监测装置,由离层监测组件、离层位移传导组件和离层位移传感监测记录显示组件三部分构成。与富水泥质围岩固流耦合相似模拟试验装置配套使用,实现了富水泥质围岩固流耦合相似模拟巷道开挖顶板离层的实时精准监测,为潜在失稳富水泥质巷道离层突变失稳判据及合理补强支护时机的确定提供了试验条件。

(4)应用上述相似材料和试验装置,开展了典型矿井富水泥质巷道变形失稳及顶板离层相似模拟试验,研究了富水泥质巷道顶板离层渐进发育至突变致灾演化全过程并提出离层安全临界值节点判据,研究表明:① 离层划分为渐变趋稳型离层和突变致灾型离层两类;② 离层渐进发育至突变致灾演化全过程可划分为裂隙发育离层孕育、离层急剧扩展、离层渐进趋稳和离层突变垮冒 4 个阶段;③ 离层值达到渐变趋稳临界值之前,及时进行合理补强支护能维持巷道围岩稳定,若仅依靠现有支护方式,当离层值达到突变致灾临界值后,巷道将发生失稳垮冒事故。

# 4 富水泥质巷道围岩支护失效力学机理

## 4.1 巷道失稳力学机理

巷道工程失稳力学机理实质上是地层压力效应结果,当二次应力量值超过了部分围岩的塑性极限或强度极限或使围岩进入显著的塑性状态,则围岩就发生显著的变形、破裂、松散、破坏等现象,表现出明显的地层压力效应。地层压力效应是指地下工程开挖后重新分布的二次应力与围岩的变形及强度特性互为作用而产生的一种力学现象。地层压力可分为松动压力、形变压力、膨胀压力等。地下工程失稳主要是这三种压力对围岩本身的支护结构作用的结果,当巷道工程支护不及时,形变压力会使围岩破坏并转变为松动压力,引起围岩失稳。

### 4.1.1 失稳力学效应

(1)松动压力作用

松动压力是松动岩体直接作用在地下工程支护上的作用力,大多出现在地下工程的顶端及侧帮。其形成原因是地下工程开挖后,围岩应力重新分布,部分围岩或其结构面失去强度,成为脱离母岩的分离块体和松散体,在重力作用下,克服较小的阻力产生冒落和塌滑运动。这种压力具有断续性和突发性,很难预见什么时间有多大范围的分离块体会突然塌滑下来,形成这种压力的关键因素是地层的地质条件和岩体的结构条件。在松散地层如断裂破碎带、挤压蚀变带易于产生此种压力。

（2）形变压力作用

形变压力主要指在二次应力作用下,围岩局部进入塑性变形,缓慢的塑性变形作用在支护结构上形成压力或者是有明显流变性能的围岩弹黏性或黏弹塑性变形形成的支护压力。这种形变压力大多是由于重新分布压力足够大,使部分围岩进入塑性或进入流变变形阶段,当岩体强度较高时,无支护时塑性区逐渐扩大,达到一定范围便停止下来,并在弹性及塑性区边界形成一个切向应力较高的持力承载环。在煤层地下工程中,由于煤体强度较小,当塑性变形过大,使塑性区进入了破裂阶段,形成较大的形变压力,导致地下工程全面失稳破坏。当有支护时,支护刚度产生抗力,此抗力就是实际的形变压力,支护越早,支护上受到压力越大,围岩塑性变形越小;支护愈晚,支护上受到压力愈小,没有支护则不产生这种形式的压力。支护刚度越大,支护上受到压力越大,反之支护上受到压力越小。

通常,巷道变形的速率开始时较大,以后逐渐放缓,支护太早可能会形成过大的形变压力。但若支护太晚,则会使围岩破裂失稳而形成附加的松动压力。理论上讲,测知围岩的变形特性曲线可以用最小代价的支护设计取得最合理而安全的支护效果。

（3）膨胀压力作用

在软弱煤层地下工程中,有些巷道围岩中含有膨胀性矿物质（如伊利石、蒙脱石、高岭石等）,在开挖时,岩体遇水后发生不失去整体性的膨胀变形和移动,当有支护时,膨胀变形对支护产生了另外一种形式的膨胀压力。这主要是围岩颗粒较细,存在互相连通的毛细管,毛细管的吸水性使岩体发生膨胀和体积增大,向地下工程空间移动,对支护形成压力。

## 4.1.2 巷道开挖引起的围岩应力及结构变化

未经采动的岩体,在巷道开掘以前通常处于弹性变形状态,岩体的原始垂直应力 $p$ 为上部覆盖岩层的重量 $\gamma H$(岩体的容重与埋藏深度的乘积)。在岩体内开掘巷道后,会发生应力重新分布,即巷道围岩内出现应力集中。如果围岩应力小于岩体强度,这时岩体物性状态不变,围岩仍处于弹性状态。如果围岩局部区域的应力超过岩体强度,则岩体物性状态就要改变,巷道周边围岩就会产生塑性变形,并从周边向岩体深处扩展到某一范围,在巷道围岩内出现塑性变形区,同时引起应力向围岩深部转移。巷道塑性变形区和弹性变形区内的应力分布见图4-1。

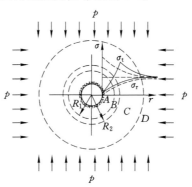

图 4-1  圆形巷道围岩的弹塑性变形区及应力分布

$A$——破碎区;$B$——塑性区;$C$——弹性区;$D$——原始应力区;

$p$——原始应力;$\sigma_t$——切向应力;$\sigma_r$——径向应力;

$R_1$——破碎区半径;$R_2$——塑性区半径

在塑性区内圈 $A$,围岩强度明显削弱,能够负担的压力显著降低,且低于原始应力 $\gamma H$,围岩发生破裂和位移,称破裂区,为卸载和应力降低区。塑性区外圈 $B$ 的应力高于原始应力,它与弹性区内应力增高部分均为承载区,也称应力增高区。这样巷道围岩就依次形成了破碎区、塑性变形区、弹性变形区和原始应力区。

塑性区内应力降低显然不同于未遭破坏岩体的应力解除,它是伴随塑性变形而被迫产生的,是岩体强度和承载能力降低的表现。当岩体应力达到岩体强度极限后,强度并未完全丧失,而是随着变形增加,强度逐渐降低,直至降到残余强度为止,这种破坏过程称为强度弱化。因此,在围岩应力和变形的计算中,按理应考虑塑性区物性参数的变化,但为了简化计算,一般都选取一个合适的平均值作为计算参数。

运用极限平衡理论,在各向等压的情况下,圆形巷道的围岩应力、塑性区半径相周边位移的计算式为:

(1)弹性区的应力方程式

径向应力为

$$\sigma_{re} = p\left(1 - \frac{R^2}{r^2}\right) + \left[(p_t + C\cot\varphi)\left(\frac{R}{a}\right)^{\frac{2\sin\varphi}{1-\sin\varphi}} - C\cot\varphi\right]\frac{R^2}{r^2}$$

切向应力为

$$\sigma_{te} = p\left(1 + \frac{R^2}{r^2}\right) - \left[(p_t + C\cot\varphi)\left(\frac{R}{a}\right)^{\frac{2\sin\varphi}{1-\sin\varphi}} - C\cot\varphi\right]\frac{R^2}{r^2}$$

(2)塑性区的应力方程式

径向应力为

$$\sigma_{rp} = (p_t + C\cot\varphi)\left(\frac{r}{a}\right)^{\frac{2\sin\varphi}{1-\sin\varphi}} - C\cot\varphi$$

切向应力为

$$\sigma_{tp} = (p_t + C\cot\varphi)\frac{1+\sin\varphi}{1-\sin\varphi}\left(\frac{r}{a}\right)^{\frac{2\sin\varphi}{1-\sin\varphi}} - C\cot\varphi$$

塑性区半径为

$$R = a\left[\frac{(p + C\cot\varphi)(1 - \sin\varphi)}{(p_t + C\cot\varphi)}\right]^{\frac{2\sin\varphi}{1-\sin\varphi}} \tag{4-1}$$

周边位移为

$$u = \frac{a\sin\varphi}{2G} \cdot \frac{(p + C\cot\varphi)^{\sin\varphi}(1 - \sin\varphi)^{\frac{1-\sin\varphi}{2\sin\varphi}}}{(p_t + C\cot\varphi)^{\frac{1-\sin\varphi}{2\sin\varphi}}} \quad (4-2)$$

式中    $p$——原岩应力；

        $p_t$——支护阻力；

        $a$——圆形巷道半径；

        $r$——所求应力处的半径；

        $R$——塑性区的半径；

        $\varphi$——围岩的内摩擦角；

        $C$——围岩的黏聚力；

        $G$——剪切弹性模量。

由式(4-1)、式(4-2)可知,巷道的稳定性和周边位移主要取决于岩层的原岩应力 $p$,反映岩石强度性质的内摩擦角 $\varphi$ 和黏聚力 $C$,巷道的支护阻力 $p_t$ 和半径 $a$ 等。它们之间的关系为:① 巷道的周边位移,随巷道所在处原岩应力的增大呈指数函数关系迅速增长。这是巷道随开采深度增大或受回采影响后,围岩变形急剧增长的重要原因。② 内摩擦角和黏聚力愈小,也就是围岩强度愈低,则周边位移值显著增大。③ $u$ 与 $p$ 的函数关系中,指数的大小取决于 $\varphi$、$C$ 的变化,$\varphi$、$C$ 值越小,指数愈高,$v$ 值增长愈加迅速；且 $p$ 值愈大,$\varphi$、$C$ 的影响愈大。

芦岭煤矿二水平采区上山在高应力软弱富水围岩条件下巷道围岩表现出典型的流变特性、脆—延转化特性、蠕变特征等。图 4-2 是根据现场环境建立的影响巷道围岩稳定性因素描述与力学分析模型。

根据巷道围岩性质及变形情况,结合井下实测,按照破坏程度的大小将巷道分为三种类型。

(1) 巷道顶板变形破坏段[图 4-3(a)]。变形破坏主要集中在巷道顶板,这段巷道主要是垂直方向地压大和顶板岩性为炭质泥

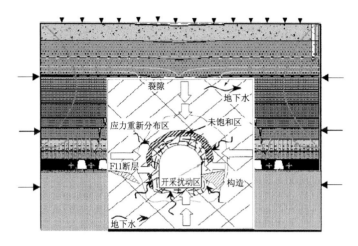

图 4-2 富水泥质围岩稳定性因素描述

岩,地压大造成巷道围岩裂隙发育,有少量的收帮变形,底鼓不太明显。

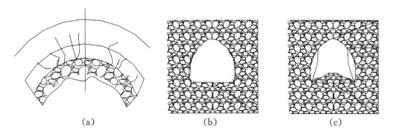

图 4-3 破坏巷道形状示意图

(a)顶板变形破坏段;(b)顶板和肩部变形破坏段;
(c)帮部及底板严重破坏段

(2)巷道顶板和肩部变形破坏段[图 4-3(b)]。变形破坏主要集中在巷道顶板和肩部,巷道肩部破坏为非对称破坏,说明巷道两侧受到应力状态不一致,此段巷道主要是由于地压大、顶板岩性为膨胀性泥岩和采动影响共同作用,顶板松软破碎,裂隙较为发育,混凝土喷层出现炸皮现象,巷道变形破坏较严重。

(3)巷道帮部及底板严重破坏段[图 4-3(c)]。此类巷道两帮出现严重内移,围岩裂隙发育,底板鼓起量大,破坏严重,需要多次翻修,刷帮卧底。

此类富水泥质软弱围岩巷道破坏的主要原因有:

① 巷道围岩性质差。巷道所在岩层大多为泥岩、铝质泥岩,其物理力学性质差,强度低,且容易吸水膨胀,为巷道的大变形留下了隐患。

② 岩柱尺寸不合理。有些巷道受工作面跨采的影响,在设计掘进位置时,并没有考虑巷道所在岩层性质差的特点,在周围煤层开采时巷道受采动影响将发生剧烈变形。

③ 巷道部分地段围岩完整性差。巷道在掘进过程中,巷道部分地段由于受断层、褶皱等地质破坏带影响,或巷道穿层时,会造成局部围岩裂隙发育、完整性差,造成巷道局部掉顶、片帮,严重时将导致巷道破坏。

# 4.2 典型富水泥质巷道开挖后应力重分布及塑性区扩展

假定巷道为圆形,围岩视为各向同性、匀质、连续、围岩性质不变、初始地应力只考虑围岩的自重应力,侧压力系数 $K=1$。图 4-4、图 4-5 所示的双向等压受力状态下单孔圆形隧道,根据弹塑性理论和莫尔-库仑强度破坏准则导出的塑性区径向应力及切向应力为

$$\sigma_r = (p_i + C\cot\varphi)\left(\frac{r}{r_0}\right)^{\frac{2\sin\varphi}{1-\sin\varphi}} - C\cot\varphi \qquad (4\text{-}3)$$

$$\sigma_\theta = (p_i + C\cot\varphi)\left(\frac{1+\sin\varphi}{1-\sin\varphi}\right)\left(\frac{r}{r_0}\right)^{\frac{2\sin\varphi}{1-\sin\varphi}} - C\cot\varphi \qquad (4\text{-}4)$$

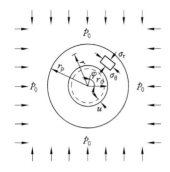

图 4-4 塑性区应力、半径和位移计算图

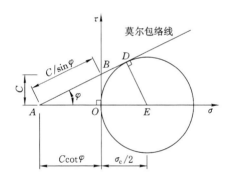

图 4-5 $\sigma_c$ 与 $\sigma$、$\tau$ 的关系图

塑性区半径及洞壁周边径向变形为

$$r_p = r_0 \left[ (1 - \sin \varphi) \frac{p_0 + C\cot \varphi}{p_i + C\cot \varphi} \right]^{\frac{1-\sin \varphi}{2\sin \varphi}} \tag{4-5}$$

$$u = \frac{1+u}{E} \sin \varphi (p_0 + C\cot \varphi) r_0 \left[ (1 - \sin \varphi) \frac{p_0 + C\cot \varphi}{p_i + C\cot \varphi} \right]^{\frac{1-\sin \varphi}{\sin \varphi}} \tag{4-6}$$

式中 $C$——围岩黏聚力；

$E$——围岩变形模量；

$\varphi$——围岩内摩擦角；

$\mu$——围岩泊松比；

$p_0$——初始地应力；

$u$——洞壁周边变形；

$p_i$——（径向）支护力，即洞壁形变压力；

$r_0$——巷道等代圆半径；

$r$——塑性区径向及切向应力作用点的半径；

$r_p$——围岩塑性区半径。

如果用岩石的单轴抗压强度来替换以上各公式中的 $C$，便可得出更加明显的规律。

（1）巷道围岩应力分布及塑性区扩展

利用莫尔-库仑强度破坏准则，可得

$$\frac{C/\sin\varphi}{C} = \frac{C\cot\varphi + \sigma_c/2}{\sigma_c/2} \tag{4-7}$$

所以

$$\sigma_c = \frac{2C\cos\varphi}{1-\sin\varphi} \tag{4-8}$$

或

$$C = \frac{1-\sin\varphi}{2\cos\varphi}\sigma_c \tag{4-9}$$

再令

$$\xi = \frac{1+\sin\varphi}{1-\sin\varphi} \tag{4-10}$$

$$\xi - 1 = \frac{2\sin\varphi}{1-\sin\varphi} \tag{4-11}$$

$$\frac{1}{\xi-1} = \frac{1-\sin\varphi}{2\sin\varphi} \tag{4-12}$$

可得塑性区内的应力、塑性半径及洞壁周边变形的表达式为

$$\sigma_r = \left(p_i + \frac{\sigma_c}{\xi-1}\right)\left(\frac{r}{r_0}\right)^{\xi-1} - \frac{\sigma_c}{\xi-1} \tag{4-13}$$

$$\sigma_\theta = \xi\left(p_i + \frac{\sigma_c}{\xi - 1}\right)\left(\frac{r}{r_0}\right)^{\xi-1} - \frac{\sigma_c}{\xi - 1} \tag{4-14}$$

塑性区半径及洞壁周边径向变形为

$$r_p = r_0\left[\frac{2}{\xi + 1} \cdot \frac{\sigma_c + p_0(\xi - 1)}{\sigma_c + p_i(\xi - 1)}\right]^{\frac{1}{\xi-1}} \tag{4-15}$$

$$u = \frac{1 + u}{E}\sin\varphi\left(p_0 + \frac{\sigma_c}{\xi - 1}\right)r_0\left[(1 - \sin\varphi)\frac{\sigma_c + p_0(\xi - 1)}{\sigma_c + p_i(\xi - 1)}\right]^{\frac{2}{\xi-1}} \tag{4-16}$$

式(4-16)表示了在其他条件不变时,径向支护力与塑性区大小之间的关系,该式表明,随着支护阻力 $p_i$ 不断增加,塑性区域不断地减小,这说明径向支护阻力 $p_i$ 的存在对形成塑性区有直接影响,限制了塑性区域的发展,是支护阻力的一个重要的支护作用。

同理可知塑性区半径 $\gamma_p$ 的影响因素分为两类:不可控因素,如原岩应力 $p_0$、岩体单向抗压强度 $\sigma_c$、岩体内摩擦角 $\varphi$ 等;可控制因素,如支护阻力 $p_i$、塑性区内岩体的残余强度 $\sigma_r$ 等。

因此,为保证巷道围岩稳定性,须对巷道周边围岩有足够高的支护阻力和塑性区内岩体有较高的残余强度。同时由于支护阻力的存在也改善了巷道周边岩体的承载条件,相应地提高了岩体的承载能力。

(2) 考虑围岩参数弱化时的塑性区半径及支护抗力

在当前的计算中,多数假定围岩进入塑性状态后,围岩性质立即变化到可能的极值。实际上,岩性的变化是逐步发生的。

当考虑围岩性质变化时,巷道围岩塑性区半径和周边支护阻力的关系为

$$\gamma_p = \gamma_0\left[\frac{p_0(1 - \sin\varphi) - C\cos\varphi + C_r\cot\varphi_r}{p_i + C_r\cot\varphi_r}\right]^{\frac{1-\sin\varphi_r}{2\sin\varphi_r}} \tag{4-17}$$

当假定塑性区围岩体积不变时,围岩变形 $u$ 可近似地按下式计算

$$u = \frac{\gamma_0 (1+\mu)}{E} \left(\frac{\gamma_p}{a}\right)^2 (p_0 \sin \varphi + C \cos \varphi) \qquad (4\text{-}18)$$

上式即为考虑围岩强度弱化时巷道周边的径向位移和巷道围岩塑性区半径的关系。

将式(4-17)代入式(4-18)可得

$$u = \frac{\gamma_0 (1+u)}{E} \left[\frac{p_0 (1-\sin \varphi) - C \cos \varphi + C_r \cot \varphi_r}{p_i + C \cot \varphi_r}\right]^{\frac{1-\sin \varphi_r}{\sin \varphi_r}}$$
$$(p_0 \sin \varphi + C \cos \varphi) \qquad (4\text{-}19)$$

式中　$C_r$——围岩在塑性状态后的残余黏聚力；

　　　$\varphi_r$——围岩在塑性状态后的残余内摩擦角。

式(4-19)即为巷道周边设计支护阻力 $p_i$ 与径向位移 $u$ 的关系。由式(4-19)可知,巷道周边径向位移的大小与支护阻力 $p_i$ 的关系:当 $p_i$ 增大时,周边径向位移 $u$ 则减小;当 $p_i$ 减小时,周边径向位移 $u$ 则增大,也就是说荷载值与围岩的变形成反比。所以收敛-约束法强调软岩巷道要采用柔性支护,允许围岩变形。

$C$、$\varphi$ 值在塑性阶段的变化见图 4-6。$C$、$\varphi$ 值对 $p_i$ 与 $\gamma_p$ 的影响见图 4-7。

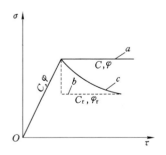

图 4-6　$C$、$\varphi$ 值在塑性阶段的变化

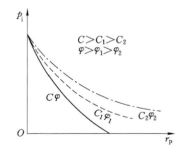

图 4-7　$C$、$\varphi$ 值对 $p_i$ 与 $\gamma_p$ 的影响

# 4.3 富水泥质巷道支护失效机理

锚杆锚固段载荷传递机理主要围绕锚杆杆体—锚固层—围岩之间的力学传递关系展开,国内外学者通过力学理论、实验室锚杆拉拔试验、数值模拟对锚固体与围岩之间的黏结应力及载荷分布规律做出大量研究。煤矿巷道围岩中富含泥岩成分,在卸载、风化、水及外载影响下容易发生严重泥质,地下水渗入微观上使得泥岩中矿物颗粒间连接逐渐破坏,进而破坏岩石内部结构体系,宏观上使泥质产生软化崩解现象,泥岩巷道经历"失水—加载—吸水—崩解—泥质"的过程,最终失稳。

## 4.3.1 泥质失效进程

煤系地层中泥质软岩分布非常广泛,遇水极易泥质,水作用下巷道围岩的变形破坏受动压影响而具有明显的阶段性,围岩持续变形诱发裂隙水动态侵入,从而导致泥质围岩强度逐渐弱化,且两者相互作用,呈现"泥质—变形—再泥质—失稳"过程。在巷道掘进初期,泥质围岩是很好的隔水层,支护后围岩很快趋于稳定;动压作用下水会持续渗入岩层,泥质围岩遇水不断发生泥质、弱化,强度衰减,巷道围岩变形速度加大,支护结构失效加速,严重时引起各类失稳垮冒事故。即:围岩中泥质成分在水作用下极易发生泥质,初期支护良好的巷道长期经历渗水且动压作用后更容易失稳。因此,泥岩巷道围岩控制应加强对水的治理,特别是动压巷道有水条件时安全隐患极大,必须在巷道掘进初期加强控制,尽量消除水对巷道掘进新暴露面的弱化影响。

巷道在无水作用时采用高性能锚杆形成强化承载结构,通过锚杆、锚索(梁)、桁架、喷浆注浆等强化支护技术可以确保巷道的安全。有水条件下,若围岩组分不易泥质,则可采取集中疏导排水结合强化控制的手段控制巷道变形,但是,围岩中富含泥质成分的水作用下动压巷道的危险性最大,必须针对具体条件采取强化组合支护。

(1) 当泥质夹层位于锚杆锚固区边缘,受水和动压共同作用,常规锚杆长度无法完全穿过该部分软弱夹层,支护过程中顶板极易出现离层垮冒,采用单一锚杆或架棚支护满足不了巷道安全控制需要,必须采用锚杆桁架联合支护,且两种支护方式应发挥各自优点,确保巷道安全。

(2) 当泥质夹层位于锚杆锚固区外,常规支护下巷道能保持稳定;但强动压和裂隙水影响时,顶板锚杆支护结构虽并未失效,但巷道底鼓严重,两帮变形剧烈,引起巷道整体失稳。因此,必须加强对泥质围岩底板和两帮的控制,包括底板卸压槽、底板注浆锚杆(锚索)、帮部加长锚杆、底角锚杆桁架、棚式支护时使用长锚杆锁腿或锚索梁锁腿等抗让结合支护方式。

(3) 当顶板为强膨胀性、风化严重的泥质围岩,且受水和动压影响时,泥岩遇水后极易泥质,围岩承载能力完全丧失,巷道极易整体失稳垮冒,控制难度极大,应首先采用预注浆方式将顶板裂隙水封堵;然后选择锚杆桁架和锚索强化控制技术作为基本支护;进一步采用 U 型钢可缩性支架及壁后充填、喷浆补强等加固措施。

### 4.3.2 锚固体-泥质岩体界面效应

锚固界面支护失效问题尚无统一定论,但煤矿埋深范围内锚固通常认为杆体-锚固剂界面更易滑移失效,例如 Martní 和 Ren 等研究认为这一界面比锚固剂-岩体界面优先损伤,得出了非常有价值的结论,而 Moosavi 和 Benmokrane 等则认为浆体-岩体界面更容易失效。本书研究针对的主要是富水泥质软岩巷道,一般而言,在杆体、锚固剂和泥质煤岩体三者之间,锚固剂-泥质岩体界面的抗剪切能力相对于锚固剂-杆体界面是偏弱的,而富水泥质围岩支护中大部分的锚固损伤失效也都是发生在锚固剂-泥质岩体界面(以下界面均指锚固剂-泥质岩体界面)上。本书的研究把锚杆杆体和锚固剂视为整体,称为锚固体,而着重研究该界面在离层环境下的侧阻力分布以及受到离层的影响而引起的界面脱黏演化规律。

尤春安等采用岩土体-锚固体共同变形原理获得全长黏结式锚杆、集中拉力型、分散拉力型、集中压力型和分散压力型等多种类型的预应力锚索锚固段应力分布的理论解,并讨论了其受力特征、应力分布规律、影响因素及其各自的适用条件;通过实验室研究,验证了锚固体与岩土体界面上的破坏是锚固系统失效的主要形式。首次提出锚固界面力学理论,并根据实验室研究结果,将锚固界面土的力学行为分为弹性、滑移和脱黏三种状态:应用Coufomb 非关联的流动法则,建立了锚固体界面上滑移状态的力学模型,并推导出相应的本构关系,从而获得界面上各种状态的应力分布规律的理论解。Serrano 等人的早期研究证实锚固体和岩体之间的侧阻力分布模式趋向于指数分布,而且受到前期安装预紧力大小和锚固体弹性模量与岩体弹性模量之比的影响,比值越大,侧阻力的分布越均匀;比值越小,侧阻力在锚固体端部就更为集中。而 Hawkers 给出了界面结合剪应力公式

$$\tau(x) = \tau \mathrm{e}^{\frac{kx}{d}} \tag{4-20}$$

式中　$\tau(x)$——距离锚固体外端 $x$ 处的剪应力;

　　　$\tau$——锚固段外端处的剪应力,即 $x=0$ 时的剪应力;

　　　$d$——钻孔直径;

　　　$k$——锚固体与锚固剂间的结合应力与主应力相关的常数。

后来,Farmer 以及 Holmberg 给出了锚固体侧阻力公式,该公式在国内外文献应用较多,得到了广泛的验证。

$$\tau(x) = \frac{\alpha}{2}\sigma \mathrm{e}^{-2\alpha\frac{x}{d}} \tag{4-21}$$

其中

$$\alpha^2 = \frac{2G_r G_{re}}{E_b \left[ G_r \ln\left(\dfrac{d}{d_b}\right) + G_{re} \ln\left(\dfrac{d_0}{d}\right) \right]};$$

$$G_r = \frac{E_r}{2(1 + \mu_r)}; G_{re} = \frac{E_{re}}{2(1 + \mu_{re})}$$

式中　　$\sigma$——锚固段尾部位置的轴向应力;

　　　　$E_b$——锚杆杆体的弹性模量;

　　　　$E_r$——岩石的弹性模量;

　　　　$E_{re}$——锚固剂的弹性模量;

　　　　$\mu_r$——岩体的泊松比;

　　　　$\mu_{re}$——锚固剂的泊松比;

　　　　$d_0$——由于锚固作用在岩体内形成的影响直径;

　　　　$d_b$——锚杆杆体直径。

尤春安、何思明、Benmokrane 等人的研究表明界面的损伤过程分为三个阶段:弹性阶段、滑移阶段和脱黏阶段。

在界面无损状态下,整个界面的侧阻力分布都符合指数式递减,整体都是弹性阶段;在界面损伤状态下,界面损伤将从锚固体尾部(靠近托盘端)开始,并逐步向锚固体端头方向(深入岩体方向)延伸,每一部分的损伤都将依次经历上述三个阶段,并最终导致整个锚固系统的损伤。图 4-8 为典型已部分脱黏的界面侧阻力分布曲线,$\tau(x)$ 为脱黏段的残余侧阻力,$\tau_m$ 为界面所能承受的最大侧阻力,$\tau_0$ 为初始弹性阶段的侧阻力,每个阶段的特征如下:

(1) 弹性阶段

弹性阶段即图 4-8 中区间 $(x_2, l)$,其中 $l$ 为锚固段全长,在全长锚固方式中,为锚杆杆体长度减去外露长度。在锚固系统刚形成时,通过对锚杆张拉而产生初锚力,体现在托盘上为托锚力,体现在抑制围岩变形上则为黏锚力。此时煤岩体的变形量较小,不足以对界面黏结应力造成损伤,界面上的侧阻力呈指数分布并向锚杆端头

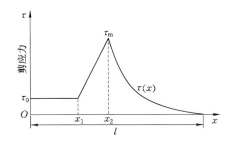

图 4-8　考虑脱黏的典型锚固体侧阻力分布曲线

衰减,而锚固体的轴向应力与侧阻力之间满足静力平衡关系,在锚固体中取任一微段,见图 4-9,则可推导出锚固体轴向应力。

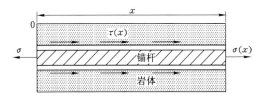

图 4-9　锚固体力学分析模型

水平方向上,根据静力平衡关系有

$$\sigma(x) + \frac{\pi d \int_0^x \tau(x)\,\mathrm{d}x}{A} - \sigma = 0 \qquad (4\text{-}22)$$

联立式(4-21)、式(4-22),从而得到 $x$ 处的轴力 $\sigma(x)$ 为

$$\sigma(x) = \sigma \mathrm{e}^{-2a\frac{x}{d}} = \frac{2}{\alpha}\tau(x) \qquad (4\text{-}23)$$

式中　$A$——锚固体的横截面积,$A = (\pi d^2)/4$。

(2)滑移阶段

滑移阶段即图 4-8 中区间 $(x_1, x_2)$,当围岩变形量过大以致锚固系统无法抗拒时,维持原有弹性阶段将变得困难,界面开始发生损伤。但由于锚固剂的残余黏结强度作用,仍对围岩具有约束力,这一阶段称为滑移阶段。

（3）脱黏阶段

脱黏阶段即图 4-8 中区间$(0,x_1)$,如果围岩持续变形,则围岩和锚固体界面的相对位移将超过二者保持黏结的极限位移,界面被彻底破坏,黏结力消失,即脱黏。但在滑移阶段和此阶段界面层会出现显著体胀现象,对孔壁围岩产生挤压力,体现在界面层上为恒定的摩擦阻力。

针对图 4-8 中的不同阶段,为了方便接下来的分析,此处推导每一阶段的剪应力和轴向应力公式。

① 脱黏阶段

结合图 4-8 中曲线和式(4-23),有

$$\begin{cases} \tau(x) = \tau_0 \\ \sigma(x) = \sigma - \dfrac{4\tau_0 x}{d} \end{cases} \quad 0 \leqslant x \leqslant x_1 \tag{4-24}$$

② 滑移阶段

结合图 4-8 中曲线和式(4-23),有

$$\begin{cases} \tau(x) = \tau_0 + \dfrac{\tau_m - \tau_0}{\Delta}(x - x_1) \\ \sigma(x) = \sigma - \dfrac{2}{d}\left[2\tau_0 x - \dfrac{\tau_m - \tau_0}{\Delta}(x - x_1)^2\right] \end{cases} \quad x_1 \leqslant x \leqslant x_2 \tag{4-25}$$

式中,$\Delta = x_2 - x_1$,其他符号同前。

③ 弹性阶段

联立式（4-22）、式（4-23）和式（4-24）并同时考虑到式（4-21）,有

$$\begin{cases} \tau(x) = \tau_m e^{-2a\frac{x - x_2}{d}} \\ \sigma(x) = \dfrac{2}{\alpha}\tau_m e^{-2a\frac{x - x_2}{d}} \end{cases} \quad x_2 \leqslant x \leqslant l \tag{4-26}$$

在 $x=x_2$ 时,联立式(4-25)、式(4-26)中的第二式并使其右端相等,有

$$x_2 = \frac{d}{4\tau_0}\Big[\sigma - \frac{2\tau_m}{\alpha} + \frac{2}{d}(\tau_m - \tau_0)\Delta\Big] \quad (4-27)$$

### 4.3.3 泥质巷道离层对锚固体荷载传递影响机理

在围岩泥质岩性和顶板裂隙水渗流共同作用下,富水泥质巷道围岩变形不协调而产生离层,离层对锚杆产生附加应力。根据岩层相对移动时拉拔载荷对锚杆的作用机制,建立了离层进一步扩展、锚固体界面进入弹塑性阶段的锚杆受力模型,研究得出:富水泥质巷道顶板离层作用下锚固体的受力过程分为 4 个阶段:弹性阶段、离层处至巷道表面进入弹塑性阶段、离层两侧均进入弹塑性阶段、滑移失效阶段;离层值越大,离层对锚杆产生的附加应力越大;锚杆中心处应力最小,越靠近边缘离层产生的附加应力越大。

由于巷道顶板大都是层状岩体且非均质,尤其是在富水泥岩区域掘进巷道,在围岩泥质岩性和顶板裂隙水渗流共同作用下,顶板岩体变形极易不协调,常常沿层理面发生分离,离层对加固的锚杆产生附加应力,巷道离层过大甚至会使锚杆被拉断或剪断,引起富水泥质巷道支护失效、失稳垮冒事故。本书根据岩层相对移动时拉拔载荷对锚杆的作用机制,建立了富水泥质巷道顶板离层锚固体受力模型,研究富水泥质巷道顶板离层作用下锚固体受力及支护失效过程,为后续富水泥质巷道围岩稳定性控制方案的设计提供参考依据。

(1)富水泥质巷道顶板离层锚杆模型建立

巷道开挖引起围岩应力重新分布,岩层的不协调变形会使顶板产生单个或多个离层。岩层相对移动会使锚固体产生附加的轴向拉力,从而改变了锚杆的受力状态。离层引起的锚杆的轴力和界面剪应力的大小取决于离层值的大小。锚杆受到拉拔力 $P$ 作

用,当锚固体与围岩体接触面上的剪应力小于界面的抗剪强度时,界面处于完全弹性状态没有发生相对位移,两者之间满足变形和协调关系,一旦作用在锚固体与围岩界面上的剪应力超过界面抗剪强度,界面就会发生脱黏破坏,进入弹塑性阶段。因此,离层值就等于离层左右两侧锚固体变形之和,该变形量分为两部分:一部分为塑性阶段的变形,一部分为弹性阶段的变形(见图 4-10)。

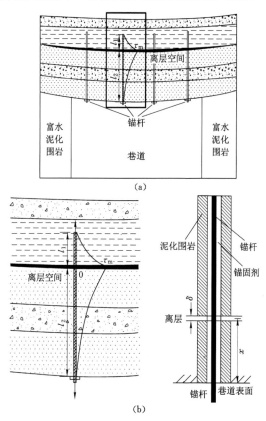

(a)

(b)

图 4-10　富水泥质顶板离层对锚杆作用模型

(a)富水泥质围岩锚固体产生离层;(b)存在离层的锚固体-泥质岩体界面受力情况

（2）离层作用下锚杆应力分布规律

采用两个阶段线性函数来描述预应力锚杆锚固段岩体与锚固体之间的接触面上的剪应力-剪切位移关系。该模型适用于黏结型锚杆,分为两个阶段:第①阶段对应于弹性阶段,接触面上剪应力与剪切位移成比例变化,在此阶段接触面处于无损状态;第②阶段对应于接触面上的残余强度,此时接触面处于损伤状态,界面之间仅存在残余剪切强度。剪切滑移模型见图 4-11。图中 $K$ 为围岩剪切刚度系数,$\tau_e$ 为界面的极限抗剪强度,$\tau_s$ 为滑移处的残余剪切强度。与其他剪切滑移模型相比,该模型没有考虑残余阶段前的软化阶段,形式较为简单,有利于计算的简化。

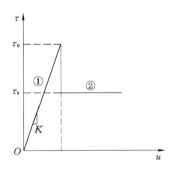

图 4-11  剪切滑移模型

如果不考虑界面脱黏情况,按照锚固体与围岩体完全黏结情况获得的剪应力沿锚杆分布见图 4-12(a)。但实际情况中,当界面剪应力超过界面抗剪强度时,就会发生滑移,剪应力沿锚杆轴向会发生重新分布,峰值点会向锚杆后部移动,相应滑移段上的剪应力为界面的残余强度。考虑界面脱黏情况的剪应力分布见图 4-12。图 4-12 中,$L_0$ 为剪应力大于界面抗剪强度的锚固段长度,$L_s$ 为滑移范围。

界面处于弹性状态时,离层左侧锚固体剪应力和轴力的分布为

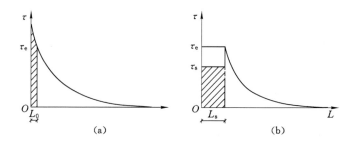

图 4-12 锚固体剪应力调整模式

（a）不考虑界面脱黏情况；（b）考虑界面脱黏情况

$$\tau_1(x) = \frac{\beta P_0 ch(\beta x)}{\pi Dsh(\beta x_0)} \qquad (4-28)$$

$$P_1(x) = \frac{P_0 sh(\beta x)}{sh(\beta x_0)} \qquad (4-29)$$

右侧锚固体剪应力和轴力为

$$\tau_2(x) = \frac{\beta P_0 ch[\beta(L-x)]}{\pi Dsh[\beta(L-x_0)]} \qquad (4-30)$$

$$P_2(x) = \frac{P_0 sh[\beta(L-x)]}{sh[\beta(L-x_0)]} \qquad (4-31)$$

式中 $x$——巷道表面的距离；

$L$——锚杆长度；

$\beta$——与锚杆及围岩有关的系数，$\beta = \sqrt{4K/(\pi D^2 E_a)}$；

$D$——锚固体的直径；

$E_a$——符合弹性模量，$E_a = \dfrac{E_g(D^2 - d^2) + E_b d^2}{D^2}$；

$d$——锚杆直径。

离层值越大，锚固体的轴力和界面剪应力就越大。随着离层值的增大，离层处锚固体轴力也随之增大。整个变化过程可分为4个阶段：弹性阶段，此时离层值和锚固体轴力呈线性关系；离层处至巷道表面开始进入弹塑性阶段;离层两侧均进入弹塑性阶段;滑移失效阶段。

富水泥质巷道锚固支护失效较为关心的问题是锚杆杆体和树脂锚固剂(杆体-锚固剂界面)以及树脂锚固剂和岩体之间(锚固剂-岩体界面)的耦合关系,富水泥质围岩锚固支护失效大多出现在界面上黏结应力的衰减损失问题上,而黏结应力被界面间的黏附力、摩擦力和由于界面不平整产生的嵌固力所共同影响。假定杆体-锚固剂界面的极限剪切应力为 $\tau_1$,锚固剂-岩体界面的极限剪切应力为 $\tau_2$,那么有

$$\begin{cases} \tau_1 > \tau_2,\text{滑移脱黏失效首先发生在锚固剂-岩体界面} \\ \tau_2 > \tau_1,\text{滑移脱黏失效首先发生在杆体-锚固剂界面} \end{cases}$$

### 4.3.4 离层对锚固体-泥质岩体界面效应影响机理

若富水泥质巷道顶板某一岩层发生离层且锚固体穿过离层空隙的情况下,界面黏结应力将因为离层而发生彻底改变。界面此时侧阻力没有超过极限阻力,则界面无损伤且离层空间两侧处于原始的弹性状态。为了分析界面损伤前所能承受最大的离层空间宽度,取临界状态为离层空间两侧的侧阻力刚好达到极限侧阻力 $\tau_m$。

(1)富水泥质巷道离层宽度诱发失稳机理分析

离层发生时,在离层处侧阻力达到最大值,而在远离离层空间的两个方向上,侧阻力将呈指数形式递减[见图 4-12(b)]。以离层点为零点建立坐标轴,此时离层点对应的界面最大侧阻力为 $\tau_m$,最大轴力为 $\sigma_{b0}$,则此处对应的轴力为

$$\sigma_{b0} = \frac{2\tau_m}{\alpha} \tag{4-32}$$

上式为锚固体-泥质岩体界面锚固体内的最大轴力,则脱黏前离层空间的最大宽度 $\delta_{Jmax}$ 为

$$\delta_{Jmax} = \delta_1 + \delta_2 = \frac{1}{E_c}\int_0^{l_1}\sigma(x)\,\mathrm{d}x + \frac{1}{E_c}\int_0^{l_2}\sigma(x)\,\mathrm{d}x \qquad (4\text{-}33)$$

其中 $E_c$ 可表示为

$$E_c = E_b\left(\frac{d_b}{d}\right)^2 + E_{rc}\left(1 - \frac{d_b^2}{d^2}\right) \qquad (4\text{-}34)$$

式中　$\delta_1$——零点上方的离层空间宽度；

　　　$\delta_2$——零点下方的离层空间宽度；

　　　$E_c$——锚杆和锚固剂所形成锚固体的弹性模量。

考虑到锚固体的长度和锚固体的直径比值较大，而锚固体直径等于钻孔直径，即 $l \gg d$。而一般煤矿常用锚杆规格为 M24-$\phi$22-2200 或 M22-$\phi$20-2400，满足上述条件，则式(4-33)转化为：

$$\delta_{Jmax} = \frac{\mathrm{d}\sigma}{E_c\alpha} \qquad (4\text{-}35)$$

由上式可见，离层空间的最大宽度 $\delta_{Jmax}$ 和 $l_1$ 及 $l_2$ 没有关系，而与锚固段尾部位置的轴向应力有关，与锚杆和锚固剂所形成锚固体的弹性模量有关，即与钻孔直径、锚杆杆体的弹性模量、锚固剂的弹性模量有关。

（2）富水泥质巷道离层位置诱发失稳作用机理

随着围岩的持续流变，层间的离层宽度将持续扩大，达到上述极限宽度 $\delta_{Jmax}$ 后，继续增大的宽度则开始导致界面损伤，即脱黏情况出现。但是脱黏是逐步导致的，考虑到离层发生的位置不同，所带来的锚固体应力分布也不同，一般情况的脱黏发展阶段为弹性阶段—滑移阶段—脱黏阶段。现就离层发生在锚固体端部、中部和尾部分别进行分析。

① 离层位于锚固体端部

当离层发生在锚固体近端部位置时，离层距离锚固体端部比较短，依据早期学者 Panek 提出的层状岩体悬吊理论，锚固体尾部到离层位置的全部重量将大部分被离层以上的端部界面所承受，此时离层空间上下两部分锚固体长度不一，则脱黏后应力分布

也是不对称的。当超过界面的极限
侧阻力 $\tau_m$ 后,较短的延伸距离将直
接导致界面状态由当初的弹性阶段
瞬间转化为脱黏阶段,而跳过中间的
滑移阶段。但离层空间下部的锚固
体的界面支护失效仍将遵循弹性阶
段—滑移阶段—脱黏阶段的动态演
化过程,锚固体整体应力分布见图
4-13。

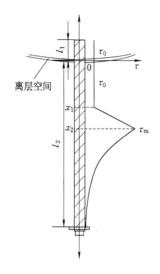

图 4-13　离层发生在锚固体
近端部的应力分布

依据图 4-13,离层上部界面由于
过大的轴力已经损伤并完全转化为
脱黏阶段,侧阻力保持恒定值 $\tau_0$。离
层处下部界面也由于过大的岩体变
形而导致侧阻力超限,发生部分脱
黏,弹性阶段下移至 $x_2$ 位置,并同时
引发滑移阶段和脱黏阶段出现。总体离层空间的宽度为上部锚固
体和下部锚固体的伸长量总叠加值,即

$$\delta_{Ja} = \int \varepsilon dx = \frac{1}{E_c} \int \sigma(x) dx \qquad (4\text{-}36)$$

其中上部锚固体的伸长量为

$$\delta_{1a} = \frac{1}{E_c} \int_0^{l_1} \sigma(x) dx = \frac{1}{E_c} \int_0^{l_1} \left( \sigma - \frac{4\tau_0 x}{d} \right) dx$$

$$= \frac{1}{E_c} l_1 \left( \sigma - \frac{2\tau_0 l_1}{d} \right) \qquad (4\text{-}37)$$

下部锚固体的总伸长量为弹性区、滑移区和脱黏区的伸长量
之和,即

$$\delta_{2a} = \frac{1}{E_c} \left[ \int_0^{x_1} \sigma(x) dx + \int_{x_1}^{x_2} \sigma(x) dx + \int_{x_2}^{l_2} \sigma(x) dx \right]$$

$$= \frac{1}{E_c}\left\{ \int_0^{x_1}\left(\sigma - \frac{4\tau_0 x_1}{d}\right)dx + \int_{x_1}^{x_2}\left\{\sigma - \frac{2}{d}\left[2\tau_0 x - \right.\right.\right.$$

$$\left.\left.\frac{\tau_m - \tau_0}{\Delta}(x-x_1)^2\right]\right\}dx + \int_{x_2}^{l_2}\frac{2}{\alpha}\tau_m e^{-2a\frac{x-x_2}{d}}dx\right\}$$

$$= \frac{1}{E_c}\left\{ x_1\left(\sigma - \frac{2\tau_0 x_1}{d}\right) + \Delta\left[\sigma - \frac{2\tau_0}{d}(x_1+x_2) + \right.\right.$$

$$\left.\left.\frac{2(\tau_m-\tau_0)\Delta}{3d}\right] + \left[-\frac{d\tau_m}{\alpha^2}(e^{-2a\frac{l_2-x_2}{d}}-1)\right]\right\}$$

故有

$$\delta_{Ja} = \delta_{1a} + \delta_{2a}$$

$$= \frac{1}{E_c}\left\{ l_1(\sigma - \frac{2\tau_0 l_1}{d}) + x_1(\sigma - \frac{2\tau_0 x_1}{d}) + \Delta\left[\sigma - \frac{2\tau_0}{d}(x_1+x_2) + \right.\right.$$

$$\left.\left.\frac{2(\tau_m-\tau_0)\Delta}{3d}\right] + \left[-\frac{d\tau_m}{\alpha^2}(e^{-2a\frac{l_2-x_2}{d}}-1)\right]\right\} \tag{4-38}$$

注意式(4-38)括号中最后一项，在脱黏刚开始时，满足$(l_2-x_2)\gg d$，从而最后一项为$d\tau_m/\alpha^2$。在脱黏已经充分发育且离层空间下部分界面近乎全部损伤时，$l_2\approx x_2$，此时最后一项为0。

在式(4-38)的基础上，为了进一步研究富水泥质巷道锚固体支护强度、离层空间宽度以及脱黏区长度三者之间的耦合关系，参考芦岭煤矿二水平采区上山部分锚杆的支护参数和该富水泥质上山的围岩物理力学参数，见表4-1。

表 4-1　　　　锚固体及岩体相关参数

| $E_b$/MPa | $E_{rc}$/MPa | $E_r$/MPa | $E_c$/MPa | $l$/m | $d$/mm | $d_b$/mm | $\Delta$/m |
|---|---|---|---|---|---|---|---|
| $3.0\times10^5$ | $1.6\times10^4$ | $2.7\times10^4$ | $5.97\times10^4$ | 2.4 | 32 | 20 | 0.1 |
| $d_0$/m | $\tau_0$/MPa | $\tau_m$/MPa | $G_r$/MPa | $G_{re}$/MPa | $\nu_r$ | $\nu_{re}$ | $\alpha$ |
| 0.8 | 0.8 | 8.0 | $0.96\times10^4$ | $0.57\times10^4$ | 0.37 | 0.36 | 4.04 |

a. 离层空间宽度($\delta_{Ja}$)和锚固体的支护强度之间的关系

离层空间宽度($\delta_{Ja}$)较小时,锚固体界面脱黏发生并逐渐向离层空间两侧延伸,这和 Stillborg 以及 Bawden 等人的研究成果吻合。而且,随着离层空间宽度的进一步增大,锚固体的支护强度随之增大且增速越来越迅速,最终锚固体的支护强度达到最大值 0.43 MPa,与该巷道掘进作业规程支护设计所要求的支护强度相当。从富水泥质巷道锚固支护失效机理分析,锚固体端部主要是起悬吊作用,该段一旦脱黏,整个锚固系统的稳定性将产生劣化。上述分析可知,该巷道现有锚固体所能达到的最大支护强度仅仅与安全支护强度相当,若离层空间继续发育,将导致现有锚固体所能提供的最大支护强度小于设计安全值,故对富水泥质巷道整体围岩并未起到有效加固作用。

b. 脱黏区的长度($x_1$)和锚固体的支护强度之间的关系

随着脱黏区的扩展,即 $x_1$ 逐渐增大,锚固体的轴向应力呈指数形式下降趋势。考虑到一般煤矿用锚杆的长度为 2 200 mm 或者 2 400 mm,当 $x_1$ 达到近 3 m 的时候,即整个锚固体界面完全脱黏段,但相应支护强度并不为零,而是降到了最低点,这再次证明脱黏后由于界面之间的凸凹不平以及锚固剂和岩体在滑移脱黏过程中的膨胀效应,对岩体存在压力,从而仍然有摩阻力存在,仍能提供一定的支护力。

② 离层位于锚固体中部

当离层发生在锚固体中部时,至离层空间达到极限离层宽度 $\delta_{max}$ 之后,界面开始损伤,并在离层空间两侧有足够的时间和空间条件分别经历弹性阶段、滑移阶段和最后的脱黏阶段,其锚固体应力分布形式也是近似对称于离层空间并同时向锚固体端部和尾部延伸,界面未完全脱黏时的应力分布曲线见图 4-14。

由于离层两侧的应力分布对称,并均由弹性区、滑移区和脱黏区组成,离层空间宽度只需计算一侧即可,有

$$\delta_{Jb} = \delta_{1b} + \delta_{2b} = 2\delta_{1b}$$

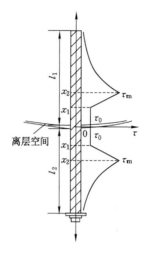

图 4-14　离层发生在锚固体中部时的应力分布

$$= \frac{2}{E_c} \left[ \int_0^{x_1} \sigma(x) \, \mathrm{d}x + \int_{x_1}^{x_2} \sigma(x) \, \mathrm{d}x + \int_{x_2}^{l_2} \sigma(x) \, \mathrm{d}x \right]$$

$$= \frac{2}{E_c} \left\{ \int_0^{x_1} \left( \sigma - \frac{4\tau_0 x_1}{d} \right) \mathrm{d}x + \int_{x_1}^{x_2} \left\{ \sigma - \frac{2}{d} \left[ 2\tau_0 x - \frac{\tau_m - \tau_0}{\Delta} (x - x_1)^2 \right] \right\} \mathrm{d}x + \right.$$

$$\left. \int_{x_2}^{l_2} \frac{2}{a} \tau_m \mathrm{e}^{-2a\frac{x-x_2}{d}} \mathrm{d}x \right\}$$

$$= \frac{2}{E_c} \left\{ x_1 \left( \sigma - \frac{2\tau_0 x_1}{d} \right) + \Delta \left[ \sigma - \frac{2\tau_0}{d} (x_1 + x_2) + \frac{2(\tau_m - \tau_0)\Delta}{3d} \right] + \right.$$

$$\left. \left[ -\frac{d\tau_m}{a^2} (\mathrm{e}^{-2a\frac{l_2-x_2}{d}} - 1) \right] \right\} \tag{4-39}$$

同样仍采用表 4-1 中相应参数,分析可知:离层发生在锚固体中部时,随着离层空间宽度($\delta_{Jb}$)的增大,锚固体支护强度随之增大。相较于离层发生在锚固体端部而言,其最大支护强度明显高于后者。可见,离层发生在锚固体的中部时,比发生在端部时对锚固系统的稳定性和持久性造成影响要小得多,这主要是因为锚固体端部没有离层出现,锚固体起到了很好的悬吊作用。脱黏区的长度($x_1$)与锚固体支护强度之间的关系是前期随着脱黏长度的延伸,锚固体支护强度与离层发生在端部一样都呈指数式递减,但减幅明显高于后者,在 $x_1 \geqslant 1.2$ m 时,对锚固体的轴向应力几乎没有太大的影响,离层空间两侧总的脱黏区长度已经占锚杆总长度的 80% 以上,而依据前期分析弹性区对锚固体轴向应力影响极微,此时可认为锚固体大部分界面都已经被脱黏区所占据,仅有少部分滑移区存在。

③ 离层位于锚固体尾部

当离层位于锚固体尾部位置时,离层空间以上岩体相对于以下岩体要大得多,即 $l_1 \gg l_2$。当离层宽度超过极限离层宽度 $\delta_{\max}$ 之后,上方岩体界面先行滑移脱黏,此时,锚固体应力分布是非对称的,下方锚固段最大侧阻力相对于上方要小得多,在上方锚固界面已经发生滑移甚至脱黏的情况下,下方锚固段仍能维持弹性阶段,其最大侧阻力也未达到发生脱黏时的极限阻力 $\tau_{\mathrm{m}}$。这时,考虑离层空间上部由脱黏区、滑移区和弹性区组成,离层空间下部仅由弹性区组成,锚固体应力分布曲线见图 4-15。

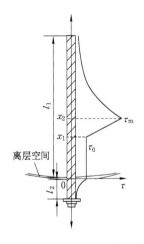

图 4-15　离层发生在锚固体尾部时的应力分布

离层空间宽度为

$$\delta_{\mathrm{Jc}} = \delta_{1\mathrm{c}} + \delta_{2\mathrm{c}} = \delta_{1\mathrm{c}} + 0$$
$$= \frac{1}{E_{\mathrm{c}}} \left[ \int_0^{x_1} \sigma(x)\,\mathrm{d}x + \int_{x_1}^{x_2} \sigma(x)\,\mathrm{d}x + \int_{x_2}^{l_2} \sigma(x)\,\mathrm{d}x \right]$$

$$= \frac{1}{E_c} \left\{ \int_0^{x_1} \left( \sigma - \frac{4\tau_0 x_1}{d} \right) \mathrm{d}x + \int_{x_1}^{x_2} \left\{ \sigma - \frac{2}{d} \left[ 2\tau_0 x - \frac{\tau_m - \tau_0}{\Delta} (x - x_1)^2 \right] \right\} \mathrm{d}x + \right.$$

$$\left. \int_{x_2}^{l_2} \frac{2}{\alpha} \tau_m \mathrm{e}^{-2a \frac{x - x_2}{d}} \mathrm{d}x \right\}$$

$$= \frac{1}{E_c} \left\{ x_1 \left( \sigma - \frac{2\tau_0 x_1}{d} \right) + \Delta \left[ \sigma - \frac{2\tau_0}{d} (x_1 + x_2) + \frac{2(\tau_m - \tau_0)\Delta}{3d} \right] + \right.$$

$$\left. \left[ -\frac{d\tau_m}{a^2} (\mathrm{e}^{-2a \frac{l_2 - x_2}{d}} - 1) \right] \right\} \tag{4-40}$$

位于此处的离层对锚固体支护强度的影响和位于中部的离层所造成的影响大致相同。区别在于锚固体的最大支护强度远远超过前两者,为中部离层支护强度的两倍,表明:当离层发生在锚固体尾部(即靠近巷道围岩表面)时,深部锚固岩体所受影响较小,尽管任何位置的离层对锚固体的长时稳定都是不利的,但是离层发生在锚固体尾部时,仍能提供较稳定和较大支护强度,离层发生在中部时次之,而离层发生在端部时,对锚固体的长时稳定最为不利,难以达到安全合理的顶板支护强度。

以上分析中针对的均是只有一个离层发生的情况,当多个离层同时发生时,将在每个离层空间的两侧都形成相应的侧阻力分布形式,但都是上述各种情况的叠加,同时还可能形成多个侧阻力峰值,对整个锚固系统的影响也将更大。

# 4.4 富水泥质巷道变形破坏失效机理数值模拟

## 4.4.1 软件及建模过程

为了研究和掌握富水泥质巷道围岩变形破坏机理,除了固流耦合相似模拟外,运用合理的数值方法与软件进行分析和计算也是很有必要的,因为数值模拟计算不仅可以对巷道围岩变形破坏特点进行预测,而且可以为获得最优支护设计方案提供有效可靠的参考依据。本书研究中采用 FLAC³ᴰ 软件(三维拉格朗日有限差分法)对典型富水泥质巷道围岩进行模拟计算。

FLAC(fast lagrangian analysis of continue)是由美国 Itasca 公司为地质工程和岩土工程应用而开发的连续介质显式有限差分计算机软件,主要适用于模拟计算岩土类工程和地质材料的力学行为,特别是岩土材料达到屈服极限后产生的塑性流动,材料通过单元和区域表示,根据研究对象的形状构成相应的网格结构。每个单元在外载和边界的约束条件下,按照约定的线形和非线形应力-应变关系产生力学响应。FLAC 软件建立在拉格朗日算法基础上,介于有限元和离散元之间,特别适用于模拟地质材料的大变形和扭曲转动。

FLAC 程序设有多种本构模型,可模拟地质材料的高度非线形(包括应变软化和硬化)、不可逆剪切破坏和压密、黏弹性(蠕变)、孔隙介质的流固耦合、热力学耦合以及动力学行为等。程序还设有边界单元,可以模拟断层、节理和摩擦边界的滑动、张开和闭合行为。支护结构,如衬砌、锚杆、可缩性支架或板壳等与围岩的相互作用也可以在 FLAC 程序中进行模拟。同时用户可根据需要在 FLAC 中创建自己的本构模型进行各种特殊的修正和补充。FLAC 程序具有强大的后处理功能,用户根据需要可以直接在屏幕上绘制或以文件的形式创建和输出打印多种形式的图形,使用者还可以根据需要,将若干个变量合并在同一个图形中进行研究和分析。

由于 FLAC 程序主要为地质工程应用而开发的岩石力学数值计算程序,程序包括反映地质材料力学行为效应的特殊数值。FLAC 设计有七种材料本构模型:各向同性弹性材料模型;横观各向同性弹性材料模型;莫尔-库仑弹塑性材料模型;应变软化、硬化塑性材料模型;双屈服塑性材料模型;节理材料模型;空单元模型,可用来模拟地下开挖和煤层开采。

FLAC 采用显式算法来获得模型的全部运动方程(包括内变量)的时间步长解,从而可以追踪材料的渐进破坏直至整体垮落,这对研究采矿设计是非常重要的。此外,程序允许输入多种材料模型,也可以在计算过程中改变某个局部变量的材料参数,增强了程序使用的灵活性,极大地方便了模拟计算时的处理。基于上述计算功能和材料模型,FLAC 程序比较适合于采矿工程和地下工程的分析和设计。

FLAC³ᴰ是目前较新版本,采用了显式拉格朗日算法及混合离散单元技术,使得该程序能够精确地模拟材料的塑性流动和破坏。因为在计算过程中不形成矩阵,所以比较大的模型和解非线形问题在计算中不需要过多的计算机内存,也不会占用很多的机时。

### 4.4.2 富水泥质巷道失效数值模型构建

根据芦岭煤矿提供的典型富水泥质巷道(二水平采区上山)地质剖面图等现场地质资料,建立相应的数值计算模型。模型中各岩层参数根据实验室测定数据及现场情况加以修订后确定。

模型尺寸为 100 m×60 m,左、右边界处采用水平位移为零的单边约束条件,底部边界采用水平位移、竖直位移均为零的全约束条件,上部边界为应力边界,按上覆岩层厚度施加均布载荷,模型岩层间关系采用莫尔-库仑模型。模型见图 4-16。

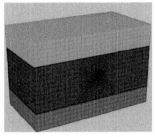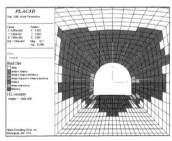

图 4-16　数值模拟模型

### 4.4.3　富水泥质巷道失效机理分析

（1）围岩应力特征

按设计的支护方案支护后，围岩的水平应力、垂直应力和剪切应力见图 4-17。可知，巷道水平应力沿两侧呈不规则半圆状，向围岩深处对称扩散分布，水平应力值逐渐增加并恢复至原岩应力状态，巷道底部围岩水平应力也呈现逐渐递增向外扩展的分布特点。巷道左帮水平应力由内向外平稳增长，且水平应力值大于巷道右帮应力值，说明巷道左侧支护结构对巷道围岩起到了很好的

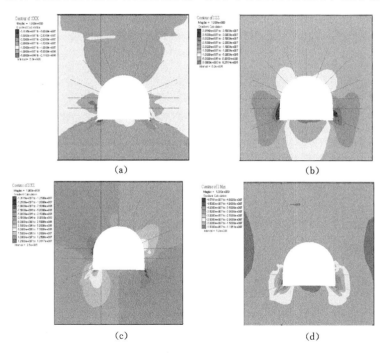

(a) (b)

(c) (d)

图 4-17　巷道围岩应力分布图

（a）水平应力；（b）垂直应力；（c）剪切应力；（d）主应力

控制作用,有效增加了围岩承载结构的承载力,阻止了围岩向巷道内的变形;巷道右侧受力不均匀,底角和底板部分出现应力松弛现象,并产生了一定的拉应力区,说明支护结构在靠近断层的右帮已经失效,底角和底板处受拉产生劈裂破坏,并伴随渗流水侵蚀作用,围岩泥质变形难以控制,呈现出失稳状态。

由图 4-17 可以看出:巷道整体承受较大的垂直应力影响,巷道左右侧垂直应力非对称分布,左帮外 5 m 附近出现较大垂直应力集中,支护结构承受较大的应力作用,右帮垂直应力较小,且分布不均匀,主要是因为巷道右侧一部分垂直应力沿断层方向传递,在肩部和底角附近形成较大的应力释放区,围岩产生应力松弛,并伴随拉应力破坏,支护结构不能有效阻止应力破坏,使右侧支护结构失效。

在巷道的两肩和两底角一定距离处均出现剪应力集中区,且剪应力在左肩深部围岩应力达到 7.5 MPa,右侧底角区域由于围岩变形破坏严重,形成了剪切破坏后的低应力区,这是由于断层和渗流水影响,巷道右侧底角处成为支护最薄弱处,巷道由底角破坏引发整体失稳。

(2)围岩变形特征

围岩的变形特征可以综合体现出巷道二次应力调整作用,可以直观反映围岩的稳定性,围岩的水平位移、垂直位移及位移矢量分布见图 4-18。

由图 4-18 可以看出,巷道产生剧烈不规则变形,巷道右侧底角处水平位移达到 2.5 m,帮部附近位移量也达到 1.0 m,巷道右侧整体向巷道内剧烈收敛;巷道左侧围岩几乎没有变形,水平位移量为零,巷道的变形主要来自巷道底板和右帮。这主要是因为巷道左侧围岩性质较好,支护结构的控制作用得到充分发挥,使得左侧的承载力得到强化,巷道右侧及底角处由于处于断层带附近,加上渗流水的侵蚀作用,围岩破碎泥质严重,支护机构在此很难发挥

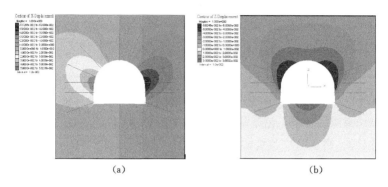

图 4-18 巷道围岩位移分布图
(a) 水平位移;(b) 垂直位移

作用,在构造应力作用下产生剧烈变形。

通过分析巷道围岩水平位移图和垂直位移图可以得知,巷道左侧的支护结构与围岩形成的承载圈较为稳定,支护体有效增强了围岩的承载力,巷道右侧由于围岩性质差,支护结构不能很好地改善围岩状况,使得支护体失去对围岩的控制作用。

由图 4-18 可以看出,巷道变形十分不均匀,巷道左帮和顶板位移矢量场小且均匀分布,高密度大位移矢量场主要集中于巷道右帮和底板,说明右帮和底板为巷道的主要失稳位置,由于构造应力影响,加上渗流水侵蚀,两种作用相互促进作用于围岩,使得此处成为巷道失稳破坏的关键点。

(3) 围岩的塑性区特征

巷道周围呈现巨大塑性破坏区,巷道顶板塑性范围为 2.5 m,左帮和右帮塑性区分别为 4.9 m 和 7.6 m,同时巷道右侧底角处出现剪切破坏区,拉、剪复合破坏区的大范围扩展造成了巷道的破坏,巷道底板塑性破坏达到最大值为 11.9 m,由于巷道受应力和渗流水影响相互叠加作用,使塑性区大范围扩展,巷道右侧和底板区域更是具有破坏性质,进而造成巷道支护结构失效,引起巷道失稳。

# 4.5　本章小结

（1）富水泥质围岩条件下顶板离层对锚固系统界面应力分布影响显著,锚固体-泥质围岩界面的滑移脱黏失效过程依次经历弹性阶段、滑移阶段和脱黏阶段。

（2）锚固体-泥质围岩界面应力分布特征和离层位置关系密切:锚杆轴向受力随离层宽度增大而呈指数上升,引发界面滑移脱黏,脱黏区域逐步扩大则进一步导致支护强度随之下降;当离层发生在锚固体尾部（即靠近巷道围岩表面）时,深部锚固岩体所受影响较小,仍能提供较稳定支护强度,离层发生在中部时次之,而离层发生在端部时,对锚固体的长时稳定最为不利,难以达到安全合理的顶板支护强度。

（3）考虑到富水泥质巷道长期受渗流水影响,并且岩体强度衰减弱化显著,为保证巷道长期稳定,有必要对富水泥质围岩进行原位改性、补强支护等修复控制对策。

# 5 富水泥质软岩巷道失稳倾向性监控指标

在富水泥质围岩区域掘进巷道过程中,由于巷道泥质围岩、顶板水滴漏导致围岩软弱破碎、裂隙发育、强度衰减,可能发生失稳垮冒事故。因此,要确保富水泥质围岩区域巷道掘进和支护安全,就要抓住泥质围岩和顶板水弱化耦合作用这一关键核心,研究富水泥质区域围岩应力、变形、离层、支护体受力等因素对巷道围岩稳定性的影响,确定上述各因素权重,进行巷道失稳倾向性监控指标排序,以找准影响富水泥质巷道失稳垮冒的关键因素,为富水泥质巷道分类控制技术方案的制定提供依据。

## 5.1 监控指标确定原则及影响因素分析

### 5.1.1 监控指标确定原则

确保富水泥质巷道围岩稳定是极其复杂的工程,其围岩稳定性受到许多因素的制约。因此,对富水泥质巷道围岩失稳倾向性的影响因素研究应从引起巷道支护失效、顶板运移垮冒的主要因素出发,在确定影响因素时遵循下列主要原则:

(1)重要性原则

影响因素必须是控制富水泥质巷道围岩稳定性的最重要的因素,即主要影响指标在同一重要类上;且能准确表达和反映所代表的影响因素,能反映富水泥质工程地质及巷道围岩应力场、位移场特征,尽量能定量表示。

（2）独立性原则

主要影响指标相互间必须具有独立性,同一层次上主要影响指标能反映各自某一方面的属性,各指标之间相关程度低。

（3）定量性原则

能确定一个考虑富水泥质巷道围岩变形、支护体受载特征的定量数值,而不是一个因人而异的含糊术语。

（4）简单易获取原则

影响因素或所涉及的参数应当容易测定或获取。各主要评价指标要易于在现场获得,形式简单,操作方便。

（5）通用性原则

主要评价指标的选取,不应只是在某些特殊情况下出现的特例。

### 5.1.2 富水泥质巷道失稳倾向性影响因素

（1）影响巷道稳定性的主要因素

根据巷道矿压理论,可将影响富水泥质巷道稳定性的因素概括为表 5-1 所列的内容。

表 5-1　　　　　富水泥质巷道稳定性影响因素

| 巷道围岩条件 | | 巷道支护体质量 | | |
|---|---|---|---|---|
| 顶板 | 底板 | 支护体 | 参数 | 使用情况 |
| 岩性、强度、分层厚度 | 岩性、强度、裂隙、有无支护 | 支护形式、受力、与围岩耦合程度 | 支护强度、间排距 | 支护安装操作的完善性、正确性 |

（2）巷道支护体工况

在特定煤矿巷道围岩特性无法改变的条件下,巷道失稳危险倾向性主要反映在支护体工况,支护体工况见表 5-2。

表 5-2　　　　　　　　　巷道支护体工况

| 支护体工作状态 | | | | | |
|---|---|---|---|---|---|
| 设计状态 | 安装状态 | | 受力状态 | | |
| 设计支护参数的合理性 | 锚固长度 | 预应力、拧紧力矩 | 锚固力 | 轴力 | 拉拔力 |

（3）富水泥质巷道失稳倾向性影响因素

将上述富水泥质巷道失稳倾向性影响因素列表明细化,见表 5-3。

表 5-3　　　　富水泥质巷道失稳倾向性影响因素

| 巷道围岩条件 | | | | | 支护体工况 | | | | | | | 管理水平 |
|---|---|---|---|---|---|---|---|---|---|---|---|---|
| 顶板 | | 底板 | | | | | | | | | | |
| 岩性 | 分层厚度 | 强度 | 裂隙 | 有无支护 | 预应力 | 锚固力 | 轴力 | 拉拔力 | 间排距 | 锚固长度 | 支护安装的规范度 | 日进尺 |
| 无 | 无 | 无 | 无 | 无 | 主动支护能力 | 反映支护力发挥 | 反映杆体应力状态 | 反映拉拔强度 | 反映支护参数合理性 | 反映受力区间 | 反映支护操作的规范程度 | 反映综合管理水平 |

在上述原则的指导下,可以比较全面地找出富水泥质巷道失稳倾向性影响因素,但这些因素多而复杂,规律性不明显,因此,需要分析上述因素的影响程度,以抓住主要矛盾,有针对性地解决问题。下面用层次分析方法来分析影响富水泥质巷道失稳倾向性影响因素的权重大小。

# 5.2 富水泥质巷道失稳倾向性影响因素的 AHP 评价

## 5.2.1 层次分析法

人们在进行社会的、经济的以及科学研究领域问题的系统分析中,面临的常常是一个由相互关联、相互制约的众多因素构成的复杂系统。层次分析法(Analytic Hierarchy Process,AHP)为分析这类复杂的问题提供了一种新的、简洁的、实用的决策方法。

用层次分析法作系统分析,首先要把问题层次化,根据问题的性质和要达到的总目标,将问题分解为不同的组成因素,并按照因素间的相互关联影响以及隶属关系将因素按不同层次聚集组合,形成一个多层次的分析结构模型,并最终把系统分析归结为最低层(供决策的方案、措施等)相对于最高层(总目标)的相对重要性权值的确定或相对优劣次序的排序问题。

在排序计算中,每一层次的因素相对上一层次某一因素的单排序问题又可简化为一系列成对因素的判断比较。为了将比较判断定量化,层次分析法引入 1~9 比例标度方法,并写成矩阵形式,即构成所谓的判断矩阵,形成判断矩阵后,即可通过计算判断矩阵的最大特征根及其对应的特征向量,计算出某一层元素相对于上一层次某一个元素的相对重要性权值。在计算出某一层次相对于上一层次各个因素的单排序权值后,用上一层次因素本身的权值加权综合,即可计算出某层因素相对于上一层整个层次的相对重要性权值,即层次总排序权值。

## 5.2.2 AHP 的基本方法与步骤

运用 AHP 进行决策时,大体可分为 5 个步骤进行:分析系统中各因素之间的关系,建立系统的递阶层次结构;对同一层次的各元素关于上一层次中某一准则的重要性进行两两比较,构造两两比较判断矩阵;由判断矩阵计算被比较元素对于该准则的相对权重;计算各层元素对系统目标的合成权重,并进行排序;进行一致性检验。

(1) 递阶层次结构的建立

应用 AHP 分析社会的、经济的以及科学研究领域的问题,首先要把问题条理化、层次化,构造出一个层次分析的结构模型。在这个结构模型下,复杂问题被分解为人们称之为元素的组成部分。这些元素又按其属性分成若干组,形成不同层次。同一层次的元素作为准则对下一层次的某些元素起支配作用,同时它又受上一层次元素的支配。这些层次大体上可以分为 3 类:

① 最高层:这一层次中只有一个元素,一般它是分析问题的预定目标或理想结果,因此也称目标层。

② 中间层:这一层次包括了为实现目标所涉及的中间环节,它可以由若干个层次组成,包括所需考虑的准则、子准则,因此也称为准则层。

③ 最低层:表示为实现目标可供选择的各种措施、决策方案等,因此也称为措施层或方案层。

上述各层次之间的支配关系不一定是完全的,即可以存在这样的元素,它并不支配下一层次的所有元素而仅支配其中部分元素。这种自上而下的支配关系所形成的层次结构,称为递阶层次结构。

递阶层次结构中的层次数与问题的复杂程度及需分析的详尽程度有关,一般地可以不受限制。每一层次中各元素所支配的元素一般不要超过 9 个。这是因为支配的元素过多会给两两比较判断带来困难。一个好的层次结构对于解决问题是极为重要的,因而层次结构必须建立在决策者对所面临的问题有全面深入的认识的基础上。如果在层次的划分和确定层次元素间的支配关系上举棋不定，那么最好重新分析问题，弄清各元素间的相互关系，以确保建立一个合理的层次结构。

**表 5-4**               **判断矩阵的形式**

| $a_k$ | $B_1$ | $B_2$ | ... | $B_n$ |
|---|---|---|---|---|
| $B_1$ | $b_{11}$ | $b_{12}$ | ... | $b_{1n}$ |
| $B_2$ | $b_{21}$ | $b_{22}$ | ... | $b_{2n}$ |
| ... | ... | ... | ... | ... |
| $B_n$ | $b_{n1}$ | $b_{n2}$ | ... | $b_{nn}$ |

递阶层次结构是 AHP 中一种最简单的层次结构形式。有时一个复杂的问题仅仅用递阶层次结构难以表示，这时就要采用更复杂的形式，如循环层次结构、反馈层次结构等。

（2）构造判断矩阵

任何系统都以一定的信息为基础。AHP 的信息基础主要是人们对每一层次各个因素的相对重要性给出的主观判断。这些判断用数值表示出来，写成矩阵形式，即所谓的判断矩阵。因此构造判断矩阵是运用 AHP 法的关键一步。

判断矩阵表示针对上一层次某因素对本层次有关因素之间相对重要性的状况。假定 A 层次中因素 $a_k$ 与下一层次 $B_1, B_2, \cdots, B_n$ 有联系，则判断矩阵形式见表 5-4。

其中 $b_{ij}$ 表示对于 $a_k$ 而言，$B_i$ 对 $B_j$ 相对重要性的数值表示形式。通常可取 1，3，5，7，9 及它们的倒数。之所以选择 1～9 的比率标度方法是基于事实和科学依据的。

判断矩阵标度及其含义见表 5-5。

（3）层次单排序

层次单排序是根据判断矩阵计算对于上一层某因素而言本层

次与之有联系的因素重要性次序的权值,它是对层次所有因素针对上一层次而言的重要性进行排序的基础。

表 5-5                              判断矩阵标度及其含义

| 标度 | 含义 |
| --- | --- |
| 1 | 两个因素相比具有相同的重要性 |
| 2 | 重要性介于标度 1 和 3 之间 |
| 3 | 两个因素相比,一个因素比另一个因素稍重要 |
| 4 | 重要性介于标度 3 和 5 之间 |
| 5 | 两个因素相比,一个因素比另一个因素明显重要 |
| 6 | 重要性介于标度 5 和 7 之间 |
| 7 | 两个因素相比,一个因素比另一个因素强烈重要 |
| 8 | 重要性介于标度 7 和 9 之间 |
| 9 | 两个因素相比,一个因素比另一个因素极端重要 |

层次单排序可以归结为计算判断矩阵特征值和特征向量的问题。计算特征值的方法有方根法、和积法及幂法。这里采用方根法。

方根法:

① 计算判断矩阵每一行元素的乘积 $M_i = \prod\limits_{j=1}^{n} b_{ij} (i = 1, 2, \cdots, n)$;

② 计算 $M_i$ 的 $n$ 次方根 $\overline{W_i} = \sqrt[n]{M_i}$;

③ 对向量 $\overline{\boldsymbol{W}} = (\overline{W_1}, \overline{W_2}, \cdots, \overline{W_n})^{\mathrm{T}}$ 正规化 $W_i = \dfrac{\overline{W_i}}{\sum\limits_{i=1}^{n} \overline{W_i}}$,则 $\boldsymbol{W} = (W_1, W_2, \cdots, W_n)^{\mathrm{T}}$ 即为所求的特征向量。

④ 计算判断矩阵的最大特征根 $\lambda_{\max} = \sum \dfrac{(BW)_i}{nW_i}$,式中 $(BW)_i$ 表示向量 $\boldsymbol{BW}$ 的第 $i$ 个元素。

（4）层次总排序

利用同一层次单排序的结果，就可以计算针对上一层次而言本层次所有元素重要性的权值，这就是层次总排序。层次总排序需要从上到下逐层顺序进行。假定上一层次所有元素 $A_1$，$A_2$，$\cdots$，$A_m$ 的层次总排序已完成，得到的权值分别为 $a_1$，$a_2$，$\cdots$，$a_m$ 与 $a_i$ 对应的本层次元素 $B_1$，$B_2$，$\cdots$，$B_n$ 单排序的结果为 $(b_1^i，b_2^i，\cdots，b_n^i)^{\mathrm{T}}$。这里，若 $B_j$ 与 $a_i$ 无联系，则 $b_j^i=0$，于是有层次总排序，见表5-6。

表 5-6 层次总排序

| 层次 A / 层次 B | $A_1$ $a_1$ | $A_2$ $a_2$ | $\cdots$ | $A_m$ $a_m$ | B层的层次总排序 |
|---|---|---|---|---|---|
| $B_1$ | $b_1^1$ | $b_1^2$ | $\cdots$ | $b_1^m$ | $\sum\limits_{i=1}^{m} a_i b_1^i$ |
| $B_2$ | $b_2^1$ | $b_2^2$ | $\cdots$ | $b_2^m$ | $\sum\limits_{i=1}^{m} a_i b_2^i$ |
| $\cdots$ | $\cdots$ | $\cdots$ | $\cdots$ | $\cdots$ | $\cdots$ |
| $B_n$ | $b_n^1$ | $b_n^2$ | $\cdots$ | $b_n^m$ | $\sum\limits_{i=1}^{m} a_i b_n^i$ |

（5）一致性检验

为评价判断矩阵的一致性，需按前面讲述的方法计算判断矩阵的一致性指标和随机一致性比例。同样，为评价层次总排序计算结果的一致性，需要计算与层次单排序类似的检验量。即：

$I^C$——层次总排序一致性指标；

$I^R$——层次总排序随机一致性指标；

$R^C$——层次总排序随机一致性比例。

其计算公式为

$$I^R = \sum_{i=1}^m a_i I_i^C \tag{5-1}$$

式中 $I_i^C$——与 $a_i$ 对应的 B 层次中判断矩阵的一致性指标;

$\quad\quad I^R$——与 $a_i$ 对应的 B 层次中判断矩阵的随机一致性指标, $I^R$ 值见表 5-7。

表 5-7 判断矩阵的 $\boldsymbol{I^R}$ 值

| 阶数 $n$ | 1 | 2 | 3 | 4 | 5 | 6 | 7 | 8 | 9 |
|---|---|---|---|---|---|---|---|---|---|
| $I^R$ | 0 | 0 | 0.58 | 0.90 | 1.12 | 1.24 | 1.32 | 1.41 | 1.45 |

$$R^C = \frac{I^C}{I^R} \tag{5-2}$$

同样,当 $R^C < 0.1$ 时,视为层次总排序的计算结果有满意的一致性。

### 5.2.3 富水泥质巷道失稳倾向性影响因素的显著性排序

影响富水泥质巷道失稳倾向性的因素很多,包括巷道围岩条件、支护体工作状态、掘进与管理水平等。

下面利用层次分析法确定其影响权重来发现这些因素对富水泥质巷道失稳倾向性的影响程度,这也是富水泥质巷道失稳倾向性监控指标中的重要内容。以下就是按照层次分析法的步骤,对富水泥质巷道失稳倾向性影响因素进行讨论。

(1)建立问题的递阶层次结构

按照富水泥质巷道失稳倾向性影响因素之间的关系,构成表 5-8 所列的递阶层次结构。

目标层 $A$:富水泥质巷道失稳倾向性。

中间层 $C$:支护体工况影响因素;掘进与管理因素;围岩条件因素。

**表 5-8**                **影响因素的递阶层次结构**

| A 富水泥质巷道失稳倾向性 | | | | | | | | | | | | | |
| :---: | :---: | :---: | :---: | :---: | :---: | :---: | :---: | :---: | :---: | :---: | :---: | :---: | :---: |
| $C_1$ 支护体工况影响因素 | | | | | | | $C_2$ 掘进与管理因素 | | | | $C_3$ 围岩条件因素 | | |
| $P_1$ 预应力 | $P_2$ 轴力 | $P_3$ 锚固力 | $P_4$ 拉拔力 | $P_5$ 支护强度 | $P_6$ 安装工艺 | $P_7$ 掘进工艺 | $P_8$ 间排距 | $P_9$ 锚固长度 | $P_{10}$ 掘进速度 | $P_{11}$ 顶板离层 | $P_{12}$ 裂隙发育程度 | $P_{13}$ 围岩强度 | $P_{14}$ 顶板淋水 |

最低层 $P$：中间层中每个因素不同的分支层。

（2）构造两两比较矩阵

各因素根据专家判定重要程度得到判断矩阵见表 5-9。

**表 5-9**                **判断矩阵**

| A-C | | | |
| :---: | :---: | :---: | :---: |
| $A$ | $C_1$ | $C_2$ | $C_3$ |
| $C_1$ | 1 | 3 | 5 |
| $C_2$ | 1/3 | 1 | 3 |
| $C_3$ | 1/5 | 1/3 | 1 |

| $C_1$-P | | | | | | | |
| :---: | :---: | :---: | :---: | :---: | :---: | :---: | :---: |
| $C_1$ | $P_1$ | $P_2$ | $P_3$ | $P_4$ | $P_5$ | $P_6$ | $P_7$ |
| $P_1$ | 1 | 5 | 1/2 | 7 | 6 | 1/3 | 8 |
| $P_2$ | 1/5 | 1 | 1/6 | 5 | 4 | 1/7 | 2 |
| $P_3$ | 2 | 6 | 1 | 8 | 6 | 2 | 9 |
| $P_4$ | 1/7 | 1/5 | 1/8 | 1 | 1/2 | 1/7 | 3 |
| $P_5$ | 1/6 | 1/4 | 1/6 | 2 | 1 | 1/5 | 4 |
| $P_6$ | 3 | 7 | 1/2 | 7 | 5 | 1 | 8 |
| $P_7$ | 1/8 | 1/2 | 1/9 | 1/3 | 1/4 | 1/8 | 1 |

| $C_2$-$P$ | | | | |
|---|---|---|---|---|
| $C_2$ | $P_8$ | $P_9$ | $P_{10}$ | $P_{11}$ |
| $P_8$ | 1 | 3 | 1/4 | 5 |
| $P_9$ | 1/3 | 1 | 1/5 | 2 |
| $P_{10}$ | 3 | 5 | 1 | 6 |
| $P_{11}$ | 1/5 | 1/2 | 1/6 | 1 |

| $C_3$-$P$ | | | |
|---|---|---|---|
| $C_3$ | $P_{12}$ | $P_{13}$ | $P_{14}$ |
| $P_{12}$ | 1 | 3 | 1/4 |
| $P_{13}$ | 1/3 | 1 | 5 |
| $P_{14}$ | 4 | 1/5 | 1 |

（3）层次单排序

对判断矩阵 $A$-$C$：

$W = (0.64, 0.26, 0.11)^{\mathrm{T}}$；

$\lambda_{\max} = 3.038\,5$；

$I^{\mathrm{C}} = 0.02, I^{\mathrm{R}} = 0.58, R^{\mathrm{C}} = 0.033 < 0.1$。

对判断矩阵 $C_1$-$P$：

$W = (0.20, 0.07, 0.34, 0.033, 0.048, 0.283, 0.023)^{\mathrm{T}}$；

$\lambda_{\max} = 7.791\,5$；

$I^{\mathrm{C}} = 0.131\,9, I^{\mathrm{R}} = 1.32, R^{\mathrm{C}} = 0.099\,937 < 0.1$。

对判断矩阵 $C_2$-$P$：

$W = (0.25, 0.11, 0.58, 0.06)^{\mathrm{T}}$；

$\lambda_{\max} = 4.160\,4$；

$I^{\mathrm{C}} = 0.053, I^{\mathrm{R}} = 0.90, R^{\mathrm{C}} = 0.059 < 0.1$。

对判断矩阵 $C_3$-$P$：

$W = (0.23, 0.67, 0.10)^{\mathrm{T}}$；

$\lambda_{\max} = 3.0858$；

$I^{\mathrm{C}} = 0.043, I^{\mathrm{R}} = 0.58, R^{\mathrm{C}} = 0.07 < 0.1$。

（4）层次总排序

层次总排序结果见表5-10。

**表 5-10　　　　　　　　层次总排序结果**

| 层次 $C$<br>层次 $P$ | $C_1$<br>0.64 | $C_2$<br>0.26 | $C_3$<br>0.11 | 排序 | 层次总排序<br>结果（权值） |
|---|---|---|---|---|---|
| $P_3$ | 0 | 0.58 | 0 | 3 | 0.15 |
| $P_{12}$ | 0.07 | 0 | 0 | 7 | 0.04 |
| $P_{14}$ | 0 | 0 | 0.67 | 5 | 0.073 7 |
| $P_{13}$ | 0.048 | 0 | 0 | 8 | 0.031 |
| $P_{11}$ | 0.20 | 0 | 0 | 4 | 0.13 |
| $P_8$ | 0.033 | 0 | 0 | 11 | 0.021 |
| $P_7$ | 0 | 0 | 0.10 | 14 | 0.011 |
| $P_5$ | 0.283 | 0 | 0 | 2 | 0.181 |
| $P_2$ | 0 | 0.25 | 0 | 6 | 0.065 |
| $P_{10}$ | 0 | 0.11 | 0 | 9 | 0.028 6 |
| $P_6$ | 0 | 0.06 | 0 | 12 | 0.015 2 |
| $P_1$ | 0.34 | 0 | 0 | 1 | 0.218 |
| $P_4$ | 0.022 6 | 0 | 0 | 13 | 0.014 5 |
| $P_9$ | 0 | 0 | 0.23 | 10 | 0.025 3 |

$$I^{\mathrm{C}} = 0.085, I^{\mathrm{R}} = 1.143, R^{\mathrm{C}} = 0.09 < 0.1$$

根据层次总排序结果，富水泥质巷道失稳倾向性影响因素的总排序为：① $P_1$ 预应力；② $P_5$ 支护强度；③ $P_3$ 锚固力；④ $P_{11}$ 顶板离层；⑤ $P_{14}$ 顶板淋水；⑥ $P_2$ 轴力；⑦ $P_{12}$ 裂隙发育程度；⑧ $P_{13}$

围岩强度;⑨ $P_{10}$ 掘进速度;⑩ $P_9$ 锚固长度;⑪ $P_8$ 间排距;⑫ $P_6$ 安装工艺;⑬ $P_4$ 拉拔力;⑭ $P_7$ 掘进工艺。

以上 14 个因素权值总和为 1,其中 $P_1$ 预应力(0.218)、$P_5$ 支护强度(0.181)、$P_3$ 锚固力(0.150)、$P_{11}$ 顶板离层(0.13)、$P_{14}$ 顶板淋水(0.073 7)的权值和为 0.752 7,在富水泥质巷道失稳倾向性影响因素中权重较大,可以认为富水泥质巷道失稳倾向性的主导因素为预应力、支护强度、锚固力、顶板离层、顶板淋水。

综上所述,应有效发挥预应力主动支护效应,提高整体支护强度和单根支护体的锚固力,监测控制顶板离层,消除顶板淋水,以确保富水泥质巷道围岩长期稳定。

# 5.3 本章小结

研究富水泥质区域围岩应力、变形、离层、支护体受力等因素对巷道围岩稳定性的影响,确定上述各因素权重,进行巷道失稳倾向性监控指标排序。

(1)采用层次分析法(AHP)分析富水泥质巷道失稳倾向性的 14 个影响因素,得出富水泥质巷道失稳的主导因素为:预应力(0.218)、支护强度(0.181)、锚固力(0.150)、顶板离层(0.13)和顶板淋水(0.073 7)。

(2)由富水泥质巷道失稳倾向性监控指标排序结果可知,应有效发挥预应力主动支护效应,提高整体支护强度和单根支护体的锚固力,监测控制顶板离层,消除顶板淋水,以确保富水泥质巷道围岩长期稳定。

# 6 富水泥质巷道围岩失稳差异性分类控制技术

两淮及华北矿区水文地质条件复杂,富水泥质煤系地层区域进行采掘工程施工时,在泥质围岩和裂隙水耦合作用下,巷道围岩易崩解渗水劣化质变,导致围岩强度衰减弱化、承载结构失稳垮冒事故。在泥质变异不良地质体、顶板裂隙水、采掘动压等多重因素作用下,富水泥质煤系地层不同区域巷道围岩稳态—亚稳态—失稳垮冒多重差异状态交替呈现,其渐变破坏特征及失稳垮冒风险等级均存在显著差异性,因此现有常规意义上的软岩支护失效破坏机理和控制机制已不能完全指导富水泥质区域巷道支护失效及失稳垮冒分级管控。芦岭煤矿二水平采区上山不同地段围岩变形差异性显著,在泥质围岩和裂隙水耦合作用下,巷道稳态—亚稳态—失稳多重差异状态交替呈现,属于典型的富水泥质巷道支护失效及局部失稳工程特征。鉴于此,本章将以芦岭煤矿二水平采区上山典型富水泥质巷道围岩稳定性控制为工程背景,应用本书研究成果,分析其支护失效机理,构建富水泥质巷道局部失稳监控指标体系并进行巷道围岩差异性分类控制。为类似条件富水泥质巷道安全掘进及围岩稳定性控制提供实践指导。

# 6.1 工程水文地质条件

## 6.1.1 Ⅱ四采区上山

芦岭煤矿位于宿州矿区东南部,浅部以 10 煤层露头为界,深部以－900 m 煤层底板等高线为界,走向长约 8.2 km,倾斜宽约 3.6 km,井田面积 29.5 km²,截至 2010 年 7 月,矿井剩余保有储量为 17 388 万 t,可采储量 8 789 万 t。1976 年达到设计生产能力,后经多次技术改造,矿井年产量稳定在 200 万 t 左右。矿井采用立井多水平上山式开拓,共划分为三个开采水平:Ⅰ水平标高－400 m,Ⅱ水平标高－590 m,Ⅲ水平标高－900 m。主采的 8、9 煤层间距较小,采用联合布置,在 9 煤底板布置 4 条上山,区段布置底板双岩巷,采煤方法为倾斜分层走向长壁全部垮落法,工作面跨上山回采。Ⅱ四采区主采 8 煤、9 煤,煤层倾角 8°～15°。8 煤为平均厚 10.3 m 的特厚煤层,9 煤为厚 2.3 m 的中厚煤层,8、9 煤层间距 0～5 m,平均 2.5 m。煤层普氏系数 $f=0.1～0.2$,具有煤与瓦斯突出危险。二水平采区上山平、剖面图及岩层层位见图 6-1。

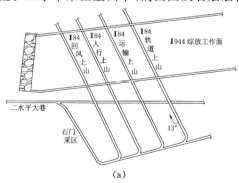

(a)

图 6-1 二水平采区上山平、剖面及岩层层位

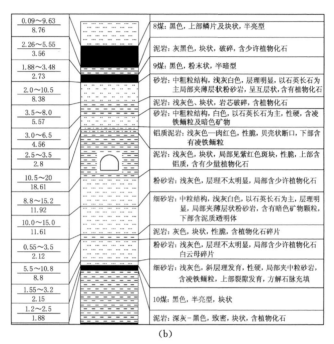

| | |
|---|---|
| $\dfrac{0.09\sim9.63}{8.76}$ | 8煤：黑色，上部鳞片及块状，半亮型 |
| $\dfrac{2.26\sim5.55}{3.56}$ | 泥岩：灰黑色，块状，破碎，含少许植物化石 |
| $\dfrac{1.88\sim3.48}{2.73}$ | 9煤：黑色，粉末状，半暗型 |
| $\dfrac{2.0\sim10.5}{8.38}$ | 砂岩：中粗粒结构，浅灰白色，层理明显，以石英长石为主局部夹薄层状粉砂岩，呈互层状，含有植物化石 |
| $\dfrac{3.5\sim8.0}{5.57}$ | 泥岩：浅灰色、块状，岩芯破碎，含有植物化石 |
| $\dfrac{3.0\sim6.5}{4.56}$ | 砂岩：中粗粒结构，白色，以石英长石为主，性硬，含凌铁鲕粒及暗色矿物 |
| $\dfrac{2.5\sim3.5}{2.8}$ | 铝质泥岩：浅灰色—肉红色，性脆，贝壳状断口，下部含有凌铁鲕粒 |
| $\dfrac{10.5\sim20}{18.61}$ | 泥岩：浅灰色，块状，局部见紫红色斑块，性脆，上部含铝质，含有少量植物化石 |
| $\dfrac{8.8\sim15.2}{11.92}$ | 粉砂岩：浅灰色，层理不太明显，局部含少许植物化石 |
| $\dfrac{10.0\sim15.0}{11.61}$ | 细砂岩：中粒结构，浅灰白色，以石英长石为主，层理明显，局部夹薄层状粉砂岩，含有暗色矿物颗粒，下部含泥质透明体 |
| $\dfrac{0.55\sim3.5}{2.12}$ | 泥岩：灰色，块状，性脆，含植物化石碎片 |
| $\dfrac{5.5\sim10.8}{8.8}$ | 粉砂岩：浅灰色，层理不太明显，局部含少许植物化石白云母碎片 |
| $\dfrac{1.55\sim3.2}{2.15}$ | 细砂岩：浅灰色，斜层理发育，性硬，局部夹中粒砂岩，含凌铁鲕粒，上部裂隙发育，方解石脉充填 |
| $\dfrac{1.2\sim2.5}{1.88}$ | 10煤：黑色，半亮型，块状 |
| | 泥岩：深灰－黑色，致密，块状，含植物化石 |

(b)

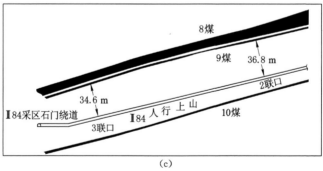

(c)

续图 6-1　二水平采区上山平、剖面及岩层层位

(a) 平面图；(b) 综合柱状图；(c) 剖面图

Ⅱ四采区为芦岭矿近年来的主力采区,采掘工作面较多,生产相对集中,由于围岩松软破碎及强烈的动压影响,巷道破坏十分严重,Ⅱ四采区人行上山尤其严重。该巷道断面为直墙拱形,宽×高为 4 600 mm×3 500 mm,巷道主体采用锚网喷支护,施工层位位于富水泥岩区域,泥岩厚度 10.5～20 m,属于不稳定顶板,施工中易出现冒、漏现象。受上覆Ⅱ842 工作面及后续Ⅱ944 综放工作面的跨采影响,尤其在采动应力场、泥质软弱围岩、顶板淋水渗流弱化等多因素作用下围岩应力复杂、变形严重、失稳垮冒风险增大,不仅影响人行猴车正常连续运行,而且频繁无效返修既破坏了原本脆弱的围岩条件,又增加了巷道维稳成本。

针对芦岭煤矿二水平采区上覆工作面高效回采采动应力影响下的底板上山软弱泥质围岩大变形控制技术难题,目前大多沿用普通常规巷道围岩控制技术经验,上山巷道围岩控制技术手段基本处于工程类比阶段,且频繁返修具有一定的盲目性,还没有形成一套较为系统、完善的跨采动压底板上山软岩巷道围岩控制体系,在实际生产应用中,芦岭煤矿不同采区的上山或同一上山的不同地段矿压控制手段基本一致,甚至千篇一律,缺乏科学性和针对性,有些跨采上山矿压控制效果不佳,频繁无效返修,影响采区甚至全矿井的正常生产接续,制约着芦岭煤矿安全高产高效水平的提高。

## 6.1.2 采区上山变形监测及破坏特征

（1）巷道变形与支护体受力监测

在芦岭煤矿二水平采区上山同一断面内顶板安设 6 根锚杆,每根锚杆安装 1 组锚杆 YHY60 型托锚力测试仪。经过连续 40 天的监测,其间同时记录顶板下沉值,见图 6-2(a)。为了与顶板下沉保持一致和提高准确性,减少误差,取安设在最中间的锚杆的托锚力记录数值,托锚力和时间的关系曲线见图 6-2(b)。

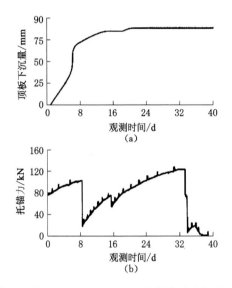

图 6-2 典型富水泥质巷道顶板下沉、支护体受力与时间关系曲线

(a) 顶板下沉、支护体受力与时间关系曲线;

(b) 锚杆托锚力与时间关系曲线

顶板下沉方面,根据图 6-2(a)曲线的平缓程度大致可以微分三个区间:第一个区间为第 0 天到第 7 天;第二个区间为第 8 天到第 17 天;第三个区间为第 17 天以后。在第一个区间,顶板下沉非常剧烈,在第 3 天时达到最大顶板下沉速度 7.2 mm/d,在第 7 天达到下沉值 72 mm,第 8 天之后顶板下沉则稍显平缓;在第二个区间顶板下沉速度明显变缓慢,平均顶板下沉速度仅为 1.0 mm/d,在第 17 天时下沉值为 79 mm;在第三个区间,下沉速度趋近于 0,顶板下沉达到最大值 86 mm。

在托锚力变化曲线上,从图 6-2(b)中可以明显看出,同样可以大致划分三个区间:第一个区间为第 0 天到第 8 天;第二个区间为第 9 天到第 17 天;第三个区间为第 18 天到第 35 天。在第一个区间,托锚力在前 8 天的时候保持稳定上升,直至最高点 106 kN,而后在第 9 天骤降至 20.5 kN;此后,步入第二个区间,托锚力从骤降中恢复并重复前一阶段的持续上升,直至第 17 天的 78.2 kN,而后再次骤降至 52.6 kN;在第三区间,前期仍然是稳定持续上升,最终托锚力还高于前两个阶段,达到了 135.4 kN,随之再次骤降到 17.5 kN,损失率达 87.1%。此后托锚力虽有提升,但提升均较小并最终降低为 0,该锚杆支护失效。

分析可知:顶板下沉量和托锚力变化趋势大致吻合;该巷道顶板泥质岩体在水平应力和自重应力叠加影响下,层间弱面发生弯曲变形,初期时离层空间宽度较小且岩体变形不严重,离层空间两侧锚固界面尚处于弹性阶段,托锚力在前期虽有小波动但整体呈稳定上升趋势;随离层空间宽度增大,靠近离层的锚固界面滑移脱黏并逐步渐次向深部延伸,形成锚固体界面脱黏失效;当某一层岩体与界面完全脱黏失效后,锚固力骤降,但骤降后界面与其他层面仍有一定的摩擦阻力,托锚力又重新开始上升;随着泥质围岩持续动态变形,离层再次出现,周而复始形成了托锚力的振荡波动。

(2)变形破坏特征

原巷道断面形状为直墙拱形,断面尺寸为 4 600 mm × 3 500 mm。巷道采用锚网喷支护。由于受上覆工作面多次采动影响,巷道矿压显现剧烈,主要表现为以下 4 个变形破坏特征:

① 锚网喷巷道破坏主要表现为全断面急剧收缩,见图 6-3。

② 巷道底鼓严重,底鼓是动压巷道最显著的变形特征,该巷道底鼓量为 500～1 200 mm,虽多次卧底仍不能满足生产要求。

③ 巷道两帮内挤现象十分严重,原支护参数抗侧压能力差,在侧向压力作用下向巷道内移动,围岩支护阻力急剧降低,使巷道围岩位移增大,断面收缩严重。

④ 巷道非对称破坏突出,由于泥质围岩、顶板淋水等原因及上部工作面采动影响,原支护方式载荷不均,承载能力不够,巷道

图 6-3　芦岭二水平采区上山富水泥质巷道变形实照

围岩周边变形更趋复杂,呈现出不规则破坏,控制围岩效果差,围岩变形量大。

# 6.2　巷道围岩泥质失稳机理分析

控制裂隙水流变岩体巷道的稳定应当遵循高应力软岩的规律,在围岩的变形和泥质过程中根据围岩变形特点适时增加支护抗力和提高围岩残余强度以控制高应力软岩塑性区和破碎区的发展,实现富水泥质围岩稳定。结合二水平采区上山围岩特征及所处煤系地层环境,初步确定导致其围岩泥质流变的因素主要为:围岩性质、渗流水、动压影响、水平应力、构造应力及支护强度等因素。

（1）围岩性质

二水平采区上山围岩裂隙较发育,围岩受到顶板砂岩裂隙水的影响而崩解、泥质致使岩体完整性遭到破坏,在多种应力作用下,易出现碎胀破坏、软岩流变。

坚硬的岩石本身可起到很好的支护作用,在采深不太大的情况下更是如此。但若在软岩和含复杂成分的软弱岩石中开掘巷道,支护就比较困难。因此,从事矿山支护工作的中外学者和工程技术人员,长期以来都把对软岩的定性认识与对策作为重要攻关课题。自然状态下的岩石,按其固体矿物颗粒之间的结合特征,可以分为固结性岩石、黏结性岩石、散粒状岩石、流动性岩石(如流砂)等。所谓固结性岩石是指造岩矿物的固体颗粒之间成刚性联系,破碎后可以保持其一定形状的岩石。煤矿巷道建设过程中,遇到的大多是固结性岩石,常见的有砂岩、石灰岩、砂质页岩、泥质页岩、泥页岩、粉砂岩等,比较少见的有火成岩、泥灰岩等。所以对于矿山来说,重点是要研究和解决固结性岩石的有关性质和特征。

按照岩石的力学强度和坚实性,固结性岩石又可分为坚硬岩石和松软岩石。一般将在饱水状态时单向抗压强度大于 100 kg/cm² 的岩石叫坚硬岩石,而把单向抗压强度小于 50 kg/cm² 的岩石看作是松软岩石或叫软岩。松软岩石具有结构疏松,容重小,孔隙率大,强度低,遇水易于膨胀及有明显流变性等特点。二水平采区上山布置在 9 煤底板,围岩以泥岩为主,此类围岩结构面发育,岩体强度不高,且围岩遇水易膨胀软化。为进一步详细把握巷道围岩的力学特征,在实验室开展岩石力学性能测试,为巷道支护设计提供理论依据。

将芦岭煤矿所取两个地点的典型试样分成 3 组进行岩石力学性能测试,见图 6-4。所有试样都要通过实验室加工得到,试样的加工遵照煤炭行业标准,每组试样均进行抗压和抗拉测试,测试结果见表 6-1。本次试验采用电液伺服岩石力学试验系统。

图 6-4　现场顶板取岩芯(泥质)

在岩块硬度的分级中,按 $f$ 值不同将岩块硬度分为 10 级,将 $f \geqslant 20$ 作为I级(最坚固),然后依次降低。本次芦岭煤矿二水平采区上山试样的实验室测试的结果 $f = 2.1 \sim 2.8$,为 V 级(较软)。

**表 6-1　典型富水泥质岩石物理力学性质试验汇总表**

| 岩性 | 劈裂试验 | 单轴压缩试验 | | | 变角剪切试验 | | 备注 |
|---|---|---|---|---|---|---|---|
| | 抗拉强度 $\sigma_t$/MPa | 抗压强度 $\sigma_c$/MPa | 弹性模量 $E$/GPa | 泊松比 $\mu$ | 黏聚力 $C$/MPa | 内摩擦角 $\varphi$/(°) | |
| 顶板 0～5.5 m 层位,泥岩 | 1.3 | 22.4 | 2.7 | 0.37 | 8.2 | 31.3 | |
| 顶板 5.5～10.5 m 层位,泥岩 | 2.7 | 28.2 | 2.8 | 0.40 | 12.2 | 41.1 | |
| 顶板 10.5～15.5 m 层位,砂岩 | 8.1 | 74.4 | 16.04 | 0.21 | 14.3 | 46.7 | |

（2）渗流水

顶板砂岩裂隙水沿着裂隙向巷道围岩挤入,造成巷道发生变形失稳。水对巷道围岩及支护体的稳定性有着显著的影响。由于水分子侵入,不仅可改变岩石的物态,削弱颗粒间黏结力;同时还能使巷道围岩中的膨胀岩发生物理和化学反应(如硬石膏、无水芒硝和钙芒硝),使岩石的含水量随时间的持续而增高。软弱岩石的矿物成分及微结构特征,对它与水的特殊关系有决定作用,使岩石的再崩解及膨胀现象时有发生,因此研究和掌握水对软弱岩层性质的影响非常重要。软弱岩层遇水后通常有两种破坏方式:一是软化、碎裂,体积增加不明显;二是体积发生膨胀,导致软化、松散、崩解。遇水仅软化崩解的岩层,其矿物成分一般是以高岭土、伊利石为主。由于受水作用后体积增加不明显,因而,只在软弱岩层节理裂隙中充水,削弱岩层颗粒之间的连接力导致颗粒间的连接发生破坏,产生软化、崩解。

软弱岩层含水是其膨胀的先决条件。对同一种软弱岩层来说,膨胀性随着其含水率的增大而增大;软弱岩层膨胀性与含水率的这种关系也可以从膨胀参数与浸水时间的关系曲线上看出,曲线表明,膨胀率随着浸水时间加长而增大,其增大幅度在浸水开始一段时间内比较显著,之后逐渐趋于稳定,这是因为软弱岩石在浸水开始阶段含水率增加很快,随着时间的加长,则逐渐减小。

（3）动压影响

芦岭煤矿二水平采区上山遭受多次采动影响,经历"扰动—稳定—扰动—稳定"的损伤过程,裂隙岩体不断发育,加之渗流对巷道围岩裂隙岩体应力场的力学效应,导致了失稳变形。在回采工作面动力影响下,采场周围的岩石运动和岩层内部的应力重新分布,破坏了原来的应力平衡状态,使巷道围岩和回采工作面周围的煤、岩体发生破坏,采空区顶板岩层从下向上出现不规则垮落带的范围、裂隙带区域和弯曲下沉带。所产生的动力引起的采场周围岩体上应力的重新分布状态和变化特征见图6-5。

在这种状态下,巷道支护围岩受到反复多变的压力可有数倍至十倍,反映了采煤工作面开采过程中压力呈数倍的提高;围岩的受拉应力也反复产生,悬空状态下的围岩在高压、强拉、挤压作用下,底板的剪应力同样急剧上升;采空区造就了围岩移变的空间,使布置在采场周围的巷道支护十分困难和复杂。

（4）水平应力

随着矿井开采深度的增加,由于受围岩结构、地质构造等因素的影响,水平应力往往也会增大。根据岩石力学理论,在假定上覆岩层为各向同性体的情况下,有

$$\sigma_x = \sigma_y = \lambda \gamma H$$

式中 $\lambda$——侧压系数;

$\gamma$——岩石容重;

$H$——采深。

侧压系数 $\lambda$ 一般是小于1的,但当软弱围岩埋深达到"中深"水平(距地表400～800 m)时,围岩趋于塑性变形,$\lambda$ 增大,有时会大于1甚至更大。水平应力的增大会严重影响围岩的稳定。矿井开采水平加深,使上覆岩层的压力加大。凡地下工程都要受上覆岩层压力的影响,采深增加,巷道所承受的上覆岩层压力相应增大。

由于采深的增加,深部岩层压力显现越复杂,构造应力的相互

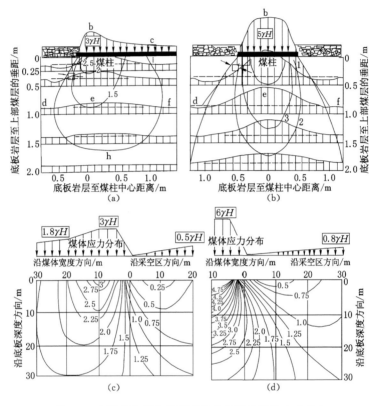

图 6-5　支承压力以非均面荷载向底板传递的应力分布

作用及其复杂应力的叠加,以及水平应力增大都会成为巷道支护围岩泥质失稳的主要破坏力之一。

(5) 巷道断面大、支护能力弱

二水平采区上山断面达到 4 600 mm×3 500 mm,加上与中间联巷相连接,形成巨大的地下空间,与之对应巷道原设计对底板的支护能力较弱,导致后期发生底鼓,同时由于底鼓后的卧底处理,破坏了帮部的支撑结构,导致帮部失稳。支护方式不合理,支护强度低,采区上山主要采用常规锚喷支护,多数地段没有锚索和注浆,受采动影响后支护体受力状态恶化,承载能力急剧降低。

（6）巷道围岩松动范围大

巷道经多次修护,围岩已十分破碎,松动圈半径很大,巷道变形持续时间长。为了保证巷道正常使用,不得不长年进行卧底刷帮。巷道多次扩刷造成围岩的多次扰动,引发应力的多次调整,巷道围岩已失去开挖初期的完整性和稳定性,单纯通过巷修无法改变巷道大变形的现状。

# 6.3 富水泥质区域围岩差异性分类

## 6.3.1 不同区域围岩差异性指标

（1）单轴抗压强度值和岩体完整性系数

将芦岭煤矿二水平采区上山划分为常规泥岩巷道无水地段、淋水泥质围岩变形地段和富水泥质围岩变形破坏严重地段三个不同区域,在上述三个不同区域内分别钻取顶板岩芯,进行物理力学参数及岩体完整性测试,见图 6-6。

测试结果表明：

① 常规泥岩巷道无水地段,岩石抗压强度平均值为 38 MPa,岩体完整性系数平均为 0.68,岩体较完整。

② 淋水泥质围岩变形地段,巷道围岩逐渐靠近顶板淋水泥质区域,但未出现围岩破坏失稳现象,岩石抗压强度平均值为 28.8 MPa,岩体完整性系数平均为 0.52,岩体较破碎。

③ 富水泥质围岩变形破坏严重地段,该区域巷道顶板淋水严重,围岩泥质,岩体松散破碎（完整性系数仅为 0.34）,岩石抗压强度平均值为 22.4 MPa,尤其是巷道直接顶（0～5.5 m）和直接底（0～2.2 m）范围内力学参数衰减至与煤体相当,该空间范围恰好

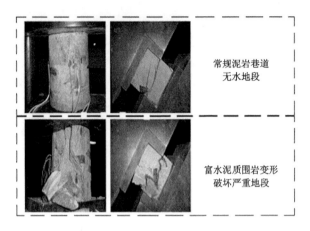

常规泥岩巷道无水地段

富水泥质围岩变形破坏严重地段

图 6-6　不同区域岩石力学参数测试

隶属于锚固承载结构体所需支护维稳空间,给该区域巷道安全掘进与稳定性控制造成重大安全隐患。

（2）岩体基本质量指标 BQ 值

依据《工程岩体分级标准》,岩体基本质量指标为

$$BQ = 90 + 3\sigma_c + 250K_v$$

式中　$\sigma_c$——岩石单轴抗压强度；

　　　　$K_v$——岩体完整性系数。

将数据代入公式,可得巷道不同区域 BQ 值:BQ（Ⅲ类）=374,BQ（Ⅳ类）=306,BQ（Ⅴ类）=242。

据此将不同区域围岩初步划分为三类:常规泥岩巷道无水地段为Ⅲ类围岩;淋水泥质围岩变形地段为Ⅳ类围岩;富水泥质围岩变形破坏严重地段为Ⅴ类围岩。

（3）围岩松动圈

采用 BA-Ⅱ型松动圈测试仪实测不同地段围岩松动圈发育范围。在上述三类围岩地段分别测试,每个地段各布置 2 个测站,垂直顶板、两帮及底板打钻,钻头 $\phi$42 mm,孔深 4 000 mm。由测试

结果可知：Ⅲ类、Ⅳ类、Ⅴ类围岩松动圈分别为 1.4 m、1.8 m 和 2.2 m，均属于大松动圈范畴。大松动圈时应按照锚固区内形成某种结构（梁、层、拱、壳）采用加固拱理论设计支护参数。

巷道不同区域煤岩体强度和完整性差异性对比见表 6-2。富水泥质围岩变形破坏严重地段煤岩体物理力学参数见表 6-3。不同地段巷道围岩松动圈测试见图 6-7。

表 6-2　巷道不同区域煤岩体强度和完整性差异性对比

| 富水泥质围岩变形破坏严重地段 | | | | | 常规泥岩巷道无水地段 | | | |
| 层位名称 | 抗压强度/MPa | 均值/MPa | 完整系数 | 均值 | 抗压强度/MPa | 均值/MPa | 完整性系数 | 均值 |
|---|---|---|---|---|---|---|---|---|
| 基本顶 0～4.6 m | 32.91 | | 0.48 | | 41.5 | | 0.71 | |
| 直接顶 3.0～5.3 m | 22.40 | | 0.38 | | 28.3 | | 0.58 | |
| 直接顶 0～3.0 m | 15.10 | | 0.16 | | 17.2 | | 0.28 | |
| 煤 0～2.7 m | 13.50 | 22.4 | — | 0.34 | 13.5 | 28.8 | — | 0.52 |
| 直接底 0～2.2 m | 14.70 | | 0.17 | | 16.7 | | 0.31 | |
| 直接底 2.2～4.0 m | 21.30 | | 0.42 | | 27.8 | | 0.57 | |
| 基本底 0～12.31 m | 36.87 | | 0.45 | | 56.8 | | 0.69 | |

表 6-3　富水泥质围岩变形破坏严重地段煤岩体物理力学参数

| 类别 | 层位名称 | 抗压强度/MPa | 抗拉强度/MPa | 弹性模量/GPa | 泊松比 | 黏聚力/MPa | 内摩擦角/(°) |
|---|---|---|---|---|---|---|---|
| 标准试样 | 基本顶 0～4.6 m | 32.91 | 2.28 | 25.02 | 0.37 | 1.28 | 29 |
| 标准试样 | 直接顶 3.0～5.3 m | 22.40 | 1.30 | 27.00 | 0.37 | 0.82 | 31 |
| 非标准试样 | 直接顶 0～3.0 m | 15.10 | 1.21 | 14.53 | 0.28 | 0.57 | 31 |
| 非标准试样 | 煤 0～2.7 m | 13.50 | 1.01 | 14.14 | 0.27 | 0.42 | 20 |
| 非标准试样 | 直接底 0～2.2 m | 14.70 | 1.18 | 14.13 | 0.29 | 0.51 | 31 |
| 标准试样 | 直接底 2.2～4.0 m | 21.30 | 1.99 | 20.04 | 0.20 | 0.75 | 33 |
| 标准试样 | 基本底 0～12.31 m | 36.87 | 5.24 | 28.20 | 0.18 | 1.83 | 31 |

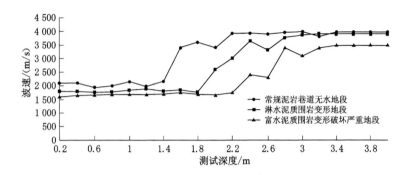

图 6-7　不同地段巷道围岩松动圈测试

采用 YTJ20 型岩层钻孔电视探测仪探测不同地段围岩裂隙发育情况。截图显示(图 6-8):Ⅲ类围岩巷道顶板钻孔 0～140 cm 范围孔壁岩体破碎,裂隙发育,140～210 cm 范围内整体完整性较好;Ⅳ类围岩巷道顶板钻孔 0～180 cm 范围孔壁纵向、横向裂隙均发育,180～240 cm 范围内岩体逐渐趋于完整;Ⅴ类围岩钻孔 0～220 cm 范围孔壁环状裂隙发育,部分煤岩体呈松散糜烂状。钻孔电视探测结果与围岩松动圈实测结果基本吻合。

(4)巷道围岩变形收敛率

以二水平采区上山地质资料及不同地段岩石物理力学参数测试结果为依据,建立数值模型,模拟不同地段围岩变形及塑性区发育情况,为围岩差异性分类提供基础数据。模型尺寸:50 m×50 m×20 m,直墙半圆拱巷道尺寸:4.6 m×3.5 m。由模拟结果可知:富水泥质巷道不同地段(常规泥岩巷道无水地段、淋水泥质围岩变形地段和富水泥质围岩变形破坏严重地段)围岩变形及塑性区发育呈现显著差异性,即:常规泥岩无水地段巷道顶底板收敛率为 7.4%～8.5%,两帮收敛率为 7.3%～7.8%,塑性区扩展度为 6.5%～7.5%;淋水泥质变形地段巷道顶底板收敛率为 14.7%～15.1%,两帮收敛率为 13.2%～13.7%,塑性区扩展度为 13.8%～

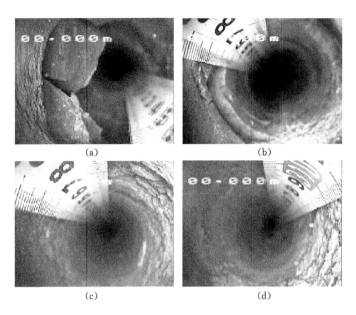

图 6-8　顶板钻孔窥视图

（a）顶板 0.2 m；（b）顶板 1.2 m；（c）顶板 1.4 m；（d）顶板 2.5 m

14.7%。见图 6-9 和表 6-4。

| | 常规泥岩无水地段 | 淋水泥质变形地段 | 富水泥质围岩变形破坏严重地段 | | 淋水泥质变形地段 | 常规泥岩无水地段 |
|---|---|---|---|---|---|---|
| 顶底板收敛率 | 3.4% | 3.9% | 9.7% | 10.3% | 7.0% | 3.7% |
| 两帮收敛率 | 3.1% | 6.3% | 8.6% | 9.3% | 6.5% | 3.5% |
| 塑性区扩展度 | 4.9% | 9.8% | 12.2% | 12.5% | 9.6% | 5.7% |

HF5　　　HF8　　HF10　　　HF14　　　HF18　　HF20　　　　HF23

⟹巷道方向

图 6-9　不同地段巷道围岩变形率及塑性区扩展对比

**表 6-4        不同地段巷道围岩变形率及塑性区扩展对比**

| 不同地段 | 顶底板变形 | | 两帮变形 | | 塑性区 | |
|---|---|---|---|---|---|---|
| | 移近量/mm | 收敛率/% | 移近量/mm | 收敛率/% | 面积/m² | 扩展度/% |
| 常规泥岩无水地段 | 120 | 3.4% | 125 | 3.1% | 0.60 | 4.9% |
| 淋水泥质变形地段 | 240 | 6.9% | 250 | 6.3% | 1.20 | 9.8% |
| 富水泥质变形破坏严重地段 | 340 | 9.7% | 345 | 8.6% | 1.50 | 12.2% |
| | 360 | 10.3% | 372 | 9.3% | 1.53 | 12.5% |
| 淋水泥质变形地段 | 245 | 7.0% | 260 | 6.5% | 1.18 | 9.6% |
| 常规泥岩无水地段 | 130 | 3.7% | 138 | 3.5% | 0.70 | 5.7% |

注:收敛率是指移近量与巷道原尺寸之比;塑性区扩展度是指塑性区发育面积与巷道原面积之比。

### 6.3.2    不同区域围岩差异性分类结果

根据岩石物理力学参数测试、岩体基本质量指标 BQ 值、松动圈及数值模拟结果,将富水泥质巷道不同区域围岩类型划分为三类,即:亚稳定型(Ⅲ类,常规泥岩无水地段)、失稳渐变-趋稳型(Ⅳ类,淋水泥质变形地段)、失稳渐变-垮冒型(Ⅴ类,富水泥质变形破坏严重地段)。

(1)亚稳定型

巷道围岩变形和塑性区扩展均较小,顶底板收敛率小于 3.7%,两帮收敛率小于 3.5%,塑性区扩展度小于 5.7%;该类型巷道属于常规泥岩巷道,可在原有支护下保持自稳,无须实施补强加固措施。

(2)失稳渐变-趋稳型

随巷道顶板淋水增大,围岩由亚稳定态向失稳倾向态转变,破碎程度增大,局部区域呈现失稳倾向,顶底板收敛率 3.7%~7.0%、两帮收敛率 3.5%~6.5%、塑性区扩展度 5.7%~9.8%;该类型巷道虽然不会开挖即失稳垮冒,但若不及时优化原有支护参数,围岩状态将由局部失稳向失稳垮冒劣变。

（3）失稳渐变-垮冒型

巷道穿越富水泥质严重区域,围岩松散破碎,整体处于失稳垮冒地段,围岩变形和塑性区均急剧增大,顶底板收敛率大于7.0%、两帮收敛率大于6.5%、塑性区扩展度大于9.8%;该类型巷道由于所处富水泥质严重地段,掘巷后短时间内随即出现失稳垮冒、底鼓等破坏现象,需及时采取补强加固措施,以促使巷道围岩状态由失稳垮冒向渐变趋稳态转变。

不同地段巷道围岩差异性分类见图6-10。

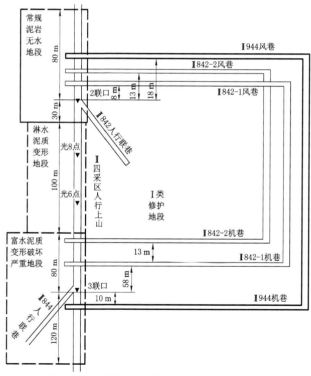

图6-10 不同地段巷道围岩差异性分类结果

# 6.4 富水泥质巷道差异性分类控制措施

在围岩富水泥质流变状态下,常规的巷道控制技术已无法满足巷道稳定的要求。如锚网喷、U 型钢和浇灌混凝土联合支护强度无法保证富水泥质巷道在高动压扰动、裂隙水弱化状态下巷道的稳定状态。主要原因有:淋水和泥质流变无法使喷层密贴岩面,锚杆生根着力点软弱,无法形成足够的支护工作阻力;普通 U 型钢在泥质巷道垂直压力作用下,棚腿容易插入底板,水平应力将棚架直推巷道中部,导致其结构崩解,无法形成稳定的支护结构。同时由于巷道淋水,普通注浆材料浆液不能形成环形保护层。因此针对富水泥质巷道围岩特有工程水文地质条件,应采用针对性的分类控制技术措施。

## 6.4.1 总体思路

由于二水平采区上山处于富水泥质工程地质环境,导致其表现出的力学特性与常规巷道具有很大差异。在采动应力场、泥质软弱围岩、顶板淋水渗流弱化等多因素作用下该上山围岩应力复杂、变形严重、失稳垮冒风险增强,不仅影响正常连续使用,而且频繁无效返修既破坏了原本脆弱的围岩条件,又增加了巷道维稳成本。如果继续沿用普通常规巷道围岩控制技术经验、传统支护理论、设计方法及技术已难以适应该采区上山支护的要求。为此,根据上述富水泥质巷道不同区域围岩类型划分结果,将芦岭煤矿二水平采区上山划分成三个不同地段,即:亚稳定型(Ⅲ类,常规泥岩无水地段)、失稳渐变-趋稳型(Ⅳ类,淋水泥质变形地段)、失稳渐变-垮冒型(Ⅴ类,富水泥质变形破坏严重地段),并提出针对性的分类分区域修护控制对策,见表6-5。

**表 6-5　　　富水泥质巷道分类分区域修护控制对策**

| 地段 | 范围及工程量 | 围岩特点 | 支护形式 |
|---|---|---|---|
| 失稳渐变-垮冒型（富水泥质变形破坏严重地段） | 3 联口向上 80 m、向下 120 m，共计 200 m 范围 | 遭受上覆 3 个工作面重复采动强烈影响，且顶板淋水，围岩变形量和塑性区急剧增大，存在失稳垮冒风险 | ①"注浆锚索-全断面立体桁架-喷浆"耦合支护技术；②底角注浆锚杆控制底鼓；③底板铺设水泥地坪预留卸压槽应力转移技术 |
| 失稳渐变-趋稳型（淋水泥质变形地段） | 2 联口与 3 联口之间的区域，范围 100 m | 顶板淋水量较小，围岩变形小于 V 类围岩 | ①"注浆锚索-半封闭桁架-喷浆"耦合支护技术；②底角注浆锚杆控制底鼓；③新开凿底板卸压槽应力转移技术 |
| 亚稳定型（常规泥岩无水地段） | 2 联口向上向下共计 110 m 范围 | 目前围岩变形不明显，而且顶板无淋水，属于常规泥岩地段 | ①"注浆锚索"补强支护技术；②新开凿底板卸压槽应力转移技术 |

## 6.4.2　桁架支护技术

（1）"四段铰接弧形"桁架设计方案

拱形桁架在国外又称轻型格子架，由粗细不等钢筋或螺纹钢焊接而成，属于轻型支护结构，在机场应用情形参见图 6-11。

在煤矿井下与锚喷支护配合使用，可具有较好的力学性能，且重量轻、成本低。选用螺纹钢筋，同混凝土的握裹锚固性能强、强度高；它由主筋、副筋、配筋、连接件和底座组成；连接件成刚性连接；主筋规格：$\phi18$ mm；副筋规格：$\phi18$ mm；配筋规格：$\phi18$ mm；主体结构分为两部分：顶梁、柱腿。见图 6-12、图 6-13。

图 6-11　桁架在机场顶棚中使用情形

图 6-12　桁架在煤矿使用情形

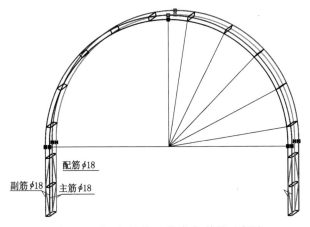

图 6-13　"四段铰接弧形"桁架效果示意图

桁架柱腿制造尺寸见图 6-14。

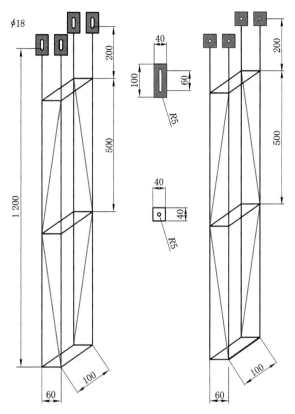

图 6-14 桁架柱腿制造尺寸

桁架顶梁制造尺寸见图 6-15。

配筋间距以巷道断面尺寸的变化而不同,原则上使两个配筋之间安装一根锚杆。

主、副筋及配筋连接结构的截面形状选用矩形,尺寸见图 6-16。

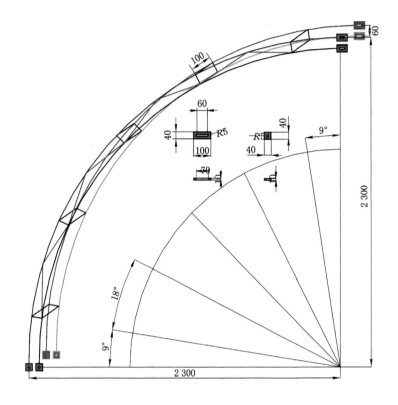

图 6-15　桁架顶梁制造尺寸

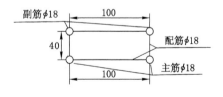

图 6-16　断面尺寸

柱腿、顶梁之间,左右半个顶梁之间铰接参数尺寸,见图6-17。

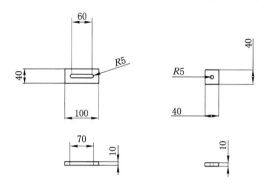

图 6-17　铰接制造尺寸

铰接的目的在于,适应巷道断面成形不规则或变化的情况。桁架与锚杆(锚索)联合支护使用情况见图6-18所示。

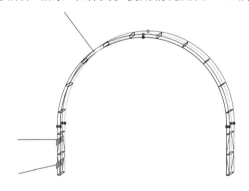

图 6-18　桁架-锚杆联合支护方案示意

　桁架-锚杆支护作用原理:桁架由钢筋焊接而成,整体刚性较差,不能单独支护,更不能对围岩实施主动支护,只有与锚杆(锚索)、喷浆形成联合支护时,才能取长补短。副筋相当于钢带,易发生弯曲变形,可承受拉应力也可承受压应力。副筋、锚杆和主筋三者之间共同作用时,使主筋主要承受拉应力,同时提供给围岩一定的挤压应力,弯曲变形越大,桁架结构提供给围岩的挤压应力越大,越有利于围岩的稳定,使巷道围岩从不利的受拉应力状态变成有利的受压应力状态,从而提高锚固体的强度。在喷层中,配筋主要承受剪应力。

桁架力学特性:普通钢筋架支护产生的破坏主要是弯曲变形和扭曲变形等刚度破坏,以及剪坏和拉坏等强度破坏。这主要是由于普通钢筋架本身结构刚度低、整体性差。普通钢筋架的劣势是抗弯、抗扭能力差,它的优点是材料强度高,抗拉、抗压以及抗剪能力强。桁架的作用特点正是基于上述普通钢筋架变形破坏特点,利用钢筋架的优点,通过力学设计转化其缺点。桁架的主要优点是把钢筋架的抗弯、抗扭的部位通过结构优化设计转化为抗拉、抗压或抗剪的性能,受力情况见图 6-19。

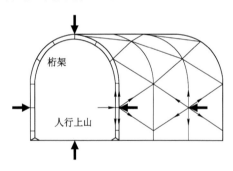

图 6-19　桁架受力情况示意图

在承受高水平应力方面,桁架有着优良的表现。单一普通钢筋架承受水平应力时,轴力和钢筋架平面内的弯矩、平面的剪力数值为零。而垂直钢筋架平面的弯矩数值很大,成为普通钢筋架的薄弱环节。而相同的荷载水平作用在桁架顶部时,拉杆的作用将桁架承受的垂直弯矩转化为了相应的主筋、副筋平面内的剪切力和弯扭力,使整个桁架受力均匀,合理充分发挥了钢材的作用。

(2)"六段式全断面立体桁架"设计方案

在"四段式半封闭桁架"基础上,改进桁架柱腿,增加桁架底梁,设计出"六段式全断面立体桁架",其主体结构分为三部分:顶梁、柱腿、底梁,见图 6-20。

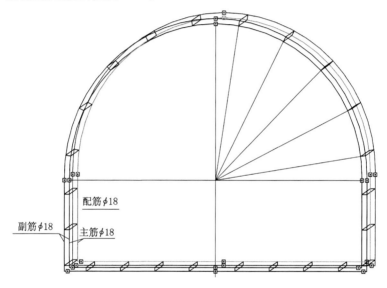

图 6-20 "六段式全断面立体桁架"桁架效果示意

"六段式全断面立体桁架"柱腿制造尺寸见图 6-21。

"六段式全断面立体桁架"顶梁制造尺寸见图 6-22。

配筋间距以巷道断面尺寸的变化而不同,原则上使两个配筋之间安装一根锚杆。

主、副筋及配筋连接结构的截面形状选用矩形,尺寸见图 6-23。

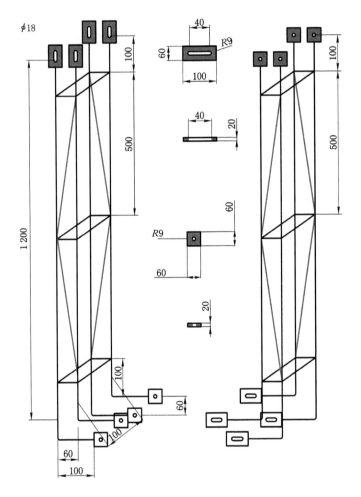

图 6-21 "六段式全断面立体桁架"柱腿制造尺寸

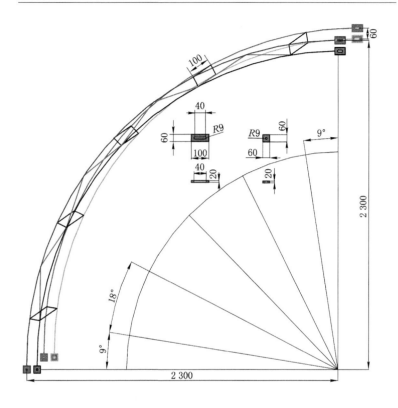

图 6-22 "六段式全断面立体桁架"顶梁制造尺寸

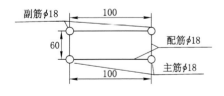

图 6-23 断面尺寸

柱腿、顶梁之间,左右半个顶梁之间铰接参数尺寸,见图6-24。

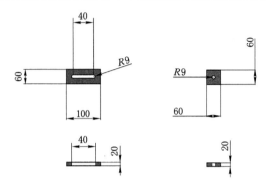

图 6-24　铰接制造尺寸

"六段式全断面立体桁架"底梁制造尺寸见图 6-25。

铰接的目的在于,适应巷道断面成形不规则或变化的情况。

与锚杆联合支护使用情况见图 6-26。

### 6.4.3　注浆锚索补强支护技术

（1）注浆锚索支护机理

锚注加固的原理是将锚索的支护作用与注浆加固的作用组合起来,共同作用于巷道围岩,通过注浆锚索压注有机或无机浆液,不仅能从根本上保证锚索锚固可靠,而且浆液能够渗透到钻孔周围较大范围的煤岩体中,对出现松动的煤岩体产生黏结固化作用,显著改善其整体性,提高煤岩体的自撑能力,从而大大改善巷道支护效果。与单纯采用锚杆支护相比,由于锚注支护既通过注浆加固了围岩,又给锚杆锚索提供了可靠的着力基础;既能有效地提高围岩的自身强度又能改善支护体的支护特性,使围岩承载能力得到显著提高,巷道变形量明显降低,是良好主动支护形式,具有强初撑、急增阻、高承载的特性,能够比较好地解决高应力区、断层带

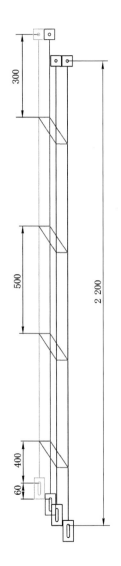
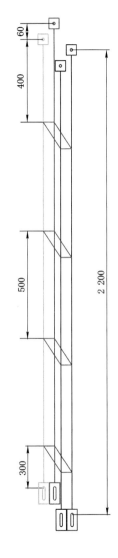

**图 6-25 "六段式全断面立体桁架"底梁制造尺寸**

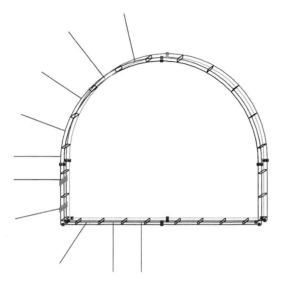

图 6-26 "六段式全断面立体桁架"桁架-锚杆联合支护方案示意

附近以及富水泥质地层由于巷道围岩松动破碎和大变形引起的锚固力迅速衰减和丧失的难题。初步的试验数据表明,同样条件下其实际锚固力可比普通锚杆、锚索提高 1～3 倍,能够有效地控制破碎松动范围和程度都比较大的应力集中区以及富水泥质地层巷道围岩的剧烈变形,从而扩大锚杆/锚索支护的适用范围,对于解决应力集中区以及富水泥质地层巷道围岩支护问题具有现实意义。锚注支护通过注浆改变岩体的力学性能,提高其支护效果,其支护机理主要包括以下几个方面:

① 采用注浆锚索注浆,可以利用浆液封堵围岩裂隙,隔绝空气,防止围岩风化,且能防止围岩被水浸湿而降低围岩的本身强度。

② 注浆后浆液将松散破碎的围岩胶结成整体,提高了岩体强度和黏聚力、内摩擦角及弹性模量,从而提高了岩体强度,可以实

现利用围岩本身作为支护结构的一部分,且与原岩形成一个整体,使巷道保持稳定而不易产生破坏。

③ 注浆使普通端锚变为全长锚固锚索,使锚索对围岩的黏着力进一步增强,索体与围岩形成一个相互作用的有机整体,提高了支护结构的整体刚度。锚索支护系统的刚度 $K$ 为

$$K = E \cdot A / \Delta L$$

式中　$E$——锚索的弹性模量,GPa;

　　　$A$——锚索的截面积,cm$^2$;

　　　$\Delta L$——锚索自由段长度,cm。

锚索支护系统的刚度随自由端长度的减小而成倍增加。端锚大部分杆体为自由段,其轴向约束只能通过锚固端与锚杆托盘施加到围岩上,对围岩沿轴向的约束能力取决于围岩的强度和变形大小,随着围岩向未锚空间移动和鼓出,锚固体对围岩移动的约束能力相应减弱。通过全长锚固,锚索对围岩的黏着力加大,轴向约束集中在岩层发生变形破坏的层位,围岩发生微小的位移就可以提供十几吨的约束力,锚索对岩层横向和纵向约束作用大大增强。

④ 中空注浆锚索具有预应力锚索的特点,索体采用高强度螺旋肋预应力钢丝编绞而成,特别适用于施加很高的预应力。施工时,先将锚索张拉至设计锚固力值,再进行锚索孔全长范围内的高压注浆,从而保证锚索在全长范围内具有较高的预应力,真正实现锚索对破碎岩层的主动支护,岩体压力荷载便通过锚索被传递到深部稳定的岩体,深部稳定的岩层自稳潜能得到充分发挥,从而可有效控制巷道变形。

⑤ 利用注浆锚杆注浆充填围岩裂隙,配合锚喷支护,可以形成一个多层有效组合拱,即喷网组合拱、锚杆压缩区组合拱及浆液扩散加固拱,从而扩大了支护结构的有效承载范围,提高了支护结构的整体性和承载能力。

⑥ 注浆后使得作用在顶板上的垂直载荷能有效地传递到两

帮,通过对两帮的加固,又能把荷载传递到底板;同时由于组合拱厚度的加大,这样又能减小作用在底板上的荷载集中度,从而减小底板岩石中的应力,减弱底板的塑性变形,减轻底鼓;且底板的稳定,有助于两帮的稳定,在底板及两帮稳定的情况下,又能保持顶板的稳定。

(2)"注浆锚索"设计方案

传统支护设计使用的 $1 \times 7$ 股、直径 15.24 mm 的锚索,存在直径小、锚固力较低(拉断载荷 260 kN)、延伸率偏低(3.5%)等弊端,尤其是低延伸率使其无法将跨采动压巷道围岩大变形及时释放,导致局部受力过大而容易破断。为防止芦岭煤矿二水平采区上山动压影响围岩大变形趋势,建议采用直径 22 mm 高预应力大延伸率注浆锚索,预紧力为 100 kN,拉断载荷 $\geqslant$ 420 kN,延伸率达7.0%,为普通锚索的 2 倍。该高预应力大延伸率注浆锚索与原有全长锚固锚杆组成整体协调预应力内外锚固承载圈,发挥预紧力协调作用。

① 注浆锚索参数设计

根据《二水平采区上山作业规程》及设计图纸,确定二水平采区上山关键坐标点与上覆 9 煤层底板法线垂直距离,分别为:3 联口(34.6 m)、光 6 点(37.2 m)、光 8 点(36.4 m)、2 联口(36.8 m)。根据上述数据,结合采区综合柱状图,可知二水平采区上山位于 9 煤底板下方平均厚度为 18.61 m 的泥岩层中,该层泥岩厚度 10.5~20.0 m,平均厚度 18.61 m,浅灰色,块状,局部见紫红色斑块,性脆,含铝质,含少量植物化石。

以 3 联口(34.6 m)、光 6 点(37.2 m)、光 8 点(36.4 m)、2 联口(36.8 m)坐标点与上覆 9 煤层底板法线垂直距离 34.6 m、37.2 m、36.4 m、36.8 m 为依据,可知锚索长度为 7.2~9.1 m时,才能穿越软弱顶板泥岩层及铝质泥岩层,到达稳定的砂岩层位。另外,综合考虑芦岭煤矿生产技术经验,确定注浆锚索长度为

9.3 mm。

锚索与桁架配套使用,在每排桁架处安装高强度大延伸率注浆锚索,直径 22 mm,长度 9 300 mm,间排距 1 600×2 400 mm,沿顶板中央向两肩窝每排布置 5 根,即:依靠锚索将桁架与围岩紧密接触,发挥桁架-锚索-围岩耦合支护作用。见图 6-27。

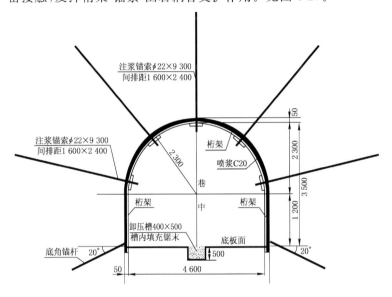

图 6-27　注浆锚索支护设计图

② 新型中空注浆锚索技术参数

钢丝公称直径:6.0 mm;

锚索索体直径:22 mm;

长度:1 000~1 500 mm;

安装孔径:32 mm;

强度及破断力:强度 1 760 MPa,破断力≥420 kN;

树脂锚固长度:1 000~1 500 mm;

中空注浆管规格:内径 7.5 mm,外径 10 mm;

注浆压力:≥5.0 MPa, 最大 7.0 MPa;

托盘规格:14 mm×300 mm×300 mm。

③ 新型中空注浆锚索优点

a. 锚索索体为新型中空结构,自带注浆芯管(见图 6-28),采用反向注浆方式,不仅消除了产生气穴空洞的可能,保证锚固浆液充满钻孔,而且省去了排气管和注浆管专用接头(直接利用螺纹锁紧机构作为注浆管接头),也无须在现场绑扎注浆管、排气管以及封堵注浆孔,使施工步骤大为简化。

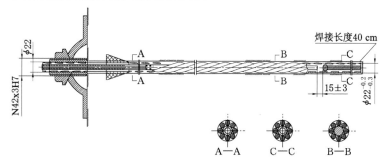

图 6-28　新型中空注浆锚索

b. 索体上部为搅拌树脂药卷端锚,下端采用螺纹锁紧,安装后能立即承载,这一点是现有的各种注浆锚索产品均无法做到的,而对于自稳能力差的顶板岩层又是非常有利和必要的。

c. 采用螺纹锁紧方式,锁紧机构工作可靠,不会打滑,不会产生火花,对井下潮湿、淋水环境的适应性是采用夹片式锚具锁紧方式所无法比拟的;锚索的安装、预紧方式与树脂锚杆完全相同,取消了张拉工序,不但能实现搅拌、张紧一体化快速安装,而且使锚索与锚杆能同步承载,形成整体支护作用。

d. 索体及锁紧机构采用新型结构,在保证注浆通径的前提下,使索体直径达到最小化,所需安装孔径小,实现了小孔径、大吨位,索体结构本身满足高压注浆的要求,可以实现锚注结合。

e. 由于安装后能立即承载,因此注浆可以安排在迎头后方一定距离将一定范围的锚索一次注完,施工便利。

f. 螺纹锁紧机构具有调心功能,锚索外露长度小且均匀一致,不影响巷道有效高度。

④ 新型中空注浆锚索的施工

根据结构和用途在中空注浆锚索运输过程中,应满足以下要求:a. 在装卸车过程中,应小心轻放,以免损坏锚索尾部,影响注浆。b. 在运输过程中应保持锚索表面清洁,避免锚索黏满泥、灰、煤粉、油和水影响锚索与树脂和注浆液体的黏结效果,避免杂质堵塞锚索出浆口。c. 锚索可以适当弯曲,但弯曲半径不能小于1 500 mm,弯曲半径太小容易造成锚索注浆管折曲、变形,在注浆过程中形成大的阻力。d. 在施工现场,准备好必备的工具,如长螺丝刀、扳手、管钳、钢丝刷、棉纱等工具材料要备足,以备不时之需。同时巷道迎头以及低洼处中设积水水窝,并配排水泵将施工用水以及围岩出水集中外排,做到用水必管、有水必排。

钻注浆锚索孔:a. 使用单体顶板锚杆钻机和支腿式帮锚杆钻机按设计位置钻顶板和帮锚索孔,孔径为 32 mm。b. 按照设计要求掘进巷道有效支护后,另要求采取有效的临时防护措施,保证施工作业安全,钻孔按锚索孔施工技术要求进行。c. 钻孔时应注意在帮或顶较破碎的地方,要将碎体放下来,清理出打孔位置,这样做也是为了便于封孔和控制打孔深度。钻取锚索孔要求先顶板后两帮,顶板先中间后两边,两帮由上至下的顺序进行。

安装注浆锚索及封孔:a. 在安装中空注浆锚索时,先放一卷MSCK2835 树脂锚固剂,再放一支 MSZ2835 中速树脂药卷,用中空锚索徐徐推入钻孔,在距锚索尾部 1.0 m 处缠绕包装布或棉纱,然后用锚杆钻机进行搅拌,之后装上托盘,为防止杆体扭转可把防转盘固定在岩壁上,再旋转尾部螺母进行封孔,扭矩力≥400 N·m。b. 钻孔时,如果围岩比较破碎,容易导致钻孔孔口处形成喇叭口,这时需要用纱布配合锥形橡胶止浆塞,以保证封孔质量。封孔质量的好坏会直接影响注浆效果,因此一定要封好孔。c. 严格控制锚索孔的排距、角度和深度,完成锚索的锚固后,等待30 min左右达到锚固强度后,再进行锚索的张拉和固定,或注完浆后在水泥浆没有凝固前再进行张拉到位,锚索张拉至预紧力不低于100 kN,且各个锚索的预紧力应保持均匀一致,中空注浆锚索安装步骤按产品使用说明执行。安装不合格或注浆失败的锚索需及时在其周围补打合格的锚索;锚索张拉选用MS18-200/50矿用锚索张拉机具,该张拉机具额定出口压力50 MPa,最大出口压力60 MPa,额定张拉力200 kN,机重12.5 kg。d. 铺设钢筋网时,要对称布置,保证钢筋网的两端紧贴岩面,用锚索托盘和螺母将钢筋网压住,施加一定的预应力。

注浆配料:a. 首先用清水将搅拌桶冲洗干净,严禁桶内有杂物、硬块等;严禁使用在井下长期存放的水泥,严禁使用结块水泥,且保证水泥内部不能混入砂子、岩块等杂物。b. 仔细检查注浆设备及连接管路,有隐患禁止开机。c. 根据一次注浆孔的数量确定水量,向搅拌桶内注入清水,向桶内加入525#水泥,边加入边搅拌。水泥慢慢加入,不断搅拌,水灰比为1:2,避免大量水泥倒入桶内,影响搅拌质量和效果(此步骤需要先加水再加水泥)。同时加入8%的ACZ-I注浆添加剂。d. 严格按照水泥搅拌机操作规程操作,以防发生意外。e. 按规定的水灰比配好浆液,搅拌均匀,使水泥水化后即可注浆。f. 根据现场实际情况配料,避免出现注浆孔还未注满就没料可注或者配料过多而用不完等情况发生。

注浆过程:a. 对锚索进行注浆的时机非常关键,过早、过迟都会影响到总体效果,必须按规定的时机进行全长高压注浆锚注。锚索锚注时间由专业技术人员根据现场条件和窥视仪观测情况确定。b. 检查与注浆泵连接的注浆管和注浆头是否畅通。c. 启动注浆泵进行注浆,注浆速度要慢,不可一次就把注浆阀门开到最大;边搅拌边注浆,以防浆液发生沉淀。d. 注浆注满后,可关闭注浆泵,等待 2～3 min 再注浆,直至再次注满。e. 及时将锚索后注浆口用螺丝堵上,否则会流出浆液。f. 注浆过程中每个钻孔应一次性注满,若中途停滞,可能会堵塞注浆管。

原位改性(补浆驱泥,换泥为注浆加固体):富水泥质软岩巷道中,巷道围岩受裂隙水的侵蚀作用,松散破碎的岩体泥质,出现流变现象。巷道围岩强度迅速降低,几乎无承载能力。从钻探的情况来看,此类巷道壁后 20 m 内已完全泥质,围岩完全呈稀泥状,相当松散破碎,使得施工常规锚杆或锚索等措施无法实施。为修复此类富水泥质巷道,可以采取注浆,将围岩原位改性,补浆驱泥,换泥为注浆加固体。

注浆原位改性、补浆驱泥的优势:在富水区域开挖泥质巷道时,将常规锚网索支护改为注浆锚索原位改性,换泥为注浆加固体,缩小围岩软弱范围,控制围岩进一步泥质,起到防止巷道围岩继续流变垮塌的作用,保证施工正常进行。采用间歇式注浆新工艺,扰动面积小、施工灵活,更有利的是可以直面巷道泥质区域,便于治理泥质巷道。注浆深度以不破坏巷道的稳定围岩层为宜。

原位改性(间歇式注浆新工艺):当代岩体力学理论认为,提高围岩自身承载能力是稳定围岩强度的有效手段。注浆加固是一个改善围岩完整性、提高围岩强度十分有效的方法。传统注浆方式为单孔持续一次性注浆,浆岩结石体强度强化受限,且漏浆跑浆问题突出,在富水泥质巷道围岩加固时收效甚微,一是无法针对性注浆,容易阻断裂隙水的疏流通道,致使裂隙水更大范围侵入巷道围岩,弱化围岩强度,降低围岩承载能力,导致巷道失稳;二是带来不必要凿眼困难和浪费,造成施工循环期增加,延误工程进度。为此,采用能够形成高强度网络骨架的"间歇式"注浆新工艺。通过前期开展的多次注浆加固试验,发现多次间隔注浆(注浆分为3~5个时段,每个时段停歇3~5 min)能够在富水泥质煤岩体内形成多个渗流裂隙面,并在其周边形成黏结补强介质体。

### 6.4.4 "桁架喷浆"设计方案

在架设桁架的巷道横截面处进行喷浆,封堵围岩裂隙,使桁架-喷浆层-围岩组成整体耦合支护体系。

(1)"桁架喷浆"耦合作用原理

对于跨采动压复杂应力上山,由于巷道围岩塑性大变形,产生变形不协调部位,通过锚索-围岩的耦合作用,在锚索充分调动深部围岩强度的情况下,消除了巷道的不均匀变形,但是巷道围岩整体变形仍然在继续,此时,通过桁架支护,利用其较高的承载力支撑围岩(围岩中应力能已得到充分释放),使注浆锚索-桁架-围岩协调变形,实现支护一体化、荷载均匀化,最终使巷道稳定。锚索支护后,围岩应力集中程度已经较小,但由于跨采动压软岩上山的高应力、强膨胀、淋水弱化的工程特性,仍有局部位置出现应力集中,并因此导致局部出现差异性变形。"注浆锚索-桁架-喷浆"耦合支护技术利用桁架的优势特性及锚索调动深部围岩强度的特性,增强支护体整体性,并通过在围岩和桁架间变形空间转化变形能,阻止由于高应力作用而产生的有害变形;利用喷射混凝土喷层配合锚索及桁架支护,提高支护体护表能力,阻止节理化、淋水易侵蚀围岩的有害变形。通过"注浆锚索-桁架-喷浆"耦合支护,巷道可形成比较均匀的外部塑性工作状态区和内部弹性工作状态区。"桁架喷聚"耦合支护原理见图6-29。

"桁架喷浆"耦合支护技术的特点可归纳如下:① 最大限度地利用和发挥人行上山围岩的自承能力,通过锚索耦合支护充分提高深部围岩强度,使锚网-浅部围岩-锚索-深部围岩-桁架达到完全耦合,实现变形协调;② 充分释放了人行上山围岩中的高应力变形能,转化了围岩中膨胀性塑性能;③ 支护体有足够的强度和刚度限制差异性、有害变形的产生,适时支护。

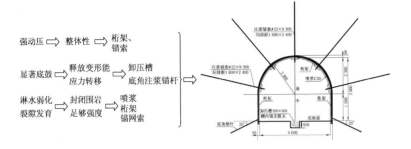

图 6-29 "桁架喷浆"耦合支护原理

(2)"桁架喷浆"技术参数

桁架喷浆用混凝土标号为 C20,喷浆料配合比为 1:2:2,黄砂采用中、粗砂,粒径大于 0.35 mm,石子粒径 5～8 mm,水灰比为 0.4～0.45,速凝剂(JS-85 型)添加量为水泥用量的 3‰～5‰(喷顶取上限,帮取下限),喷层厚度 50～80 mm。混凝土的初凝时间应不大于 5 min,终凝时间不应大于 10 min。喷浆前冲刷桁架周围岩壁,找净活矸,喷后 2 h 至 7 d,经常洒水养护。

桁架喷浆要求拱圆帮直成型好,不能有蜂窝麻面,流淌现象。分层喷射时,下一层喷射应在前一层混凝土终凝后进行,当间隔时间超过 2 h,应先喷水冲洗湿润混凝土的表面。喷射混凝土的回弹率,边墙不应大于 15%,拱部不应大于 25%。

(3)"桁架喷浆"技术要求

① 桁架安装完毕后,清理桁架周围喷射现场的矸石杂物,接好风水管路,输料管路要平直、不得有急弯,接头要严密、不得漏风,严禁将非抗静电的塑料管作输料管使用。

② 检查喷浆机是否完好,并送电空载试运转,紧固好摩擦板,

不得出现漏风现象。

③ 喷射前必须用高压风水冲洗岩面,在巷道拱顶和两帮拉线安设喷厚标志。

④ 喷射人员要佩戴齐全有效的劳保用品。

(4)"桁架喷浆"工艺要求

① 桁架安装完毕后,喷浆顺序为先墙后拱,从墙基开始自下而上进行,喷枪头与受喷面应尽量保持垂直,距离以 0.8~1 m 为宜。

② 人工拌料时采用潮拌料,水泥、砂和石子应清底并翻拌 3 遍使其混合均匀。

③ 喷射时,喷浆机的供风压力为 0.4 MPa,水压应比风压高 0.1 MPa 左右,加水量凭射手的经验加以控制,最合适的水灰比是 0.4~0.5 之间。

④ 开机时,必须先给水,后开风,再开机,最后上料;停机时,要先停料,后停机,再关水,最后停风。喷浆机必须由专人负责检查、维修、保养和操作,并由责任心强、技术好、经过专门训练的人员操作枪头,另派专人照明,喷射工作开始后,严禁将喷射枪头对准人员。喷头或管道堵塞时,先停止上料,再顺管路寻找堵塞位置,进行处理。处理时喷嘴前后及附近严禁有人,并将喷口朝下,防止突喷或喷头跳动伤人。机器运转未完全停止时,手严禁伸入加料槽内。

⑤ 喷射前必须清洗岩帮、清理浮矸,喷射均匀。喷射过程中应根据出料量的变化,及时调整给水量,保证水灰比合理,要使喷射的湿混凝土无干斑、无流淌、黏着力强、回弹料少。喷射混凝土回弹率不得超过 15%,回弹料要及时收集,可掺入料中继续使用,但掺入量不超过 30%。

⑥ 喷射工作开始前,应首先在喷射地点铺上旧胶带,以便收集回弹料,回弹率不得超过 15%。若喷射地点有少量淋水时,可

以适当增加速凝剂掺入量;若出水点比较集中时,可设好排水管,然后再喷浆。喷浆工作结束后,喷层必须连续洒水养护28 d以上,7 d以内每班洒水一次,7 d以后每天洒水一次。一次喷射完毕,应立即收集回弹料,并应将当班拌料用尽。当班喷射工作结束后,必须卸开喷头,清理水环和喷浆机内外部所有灰浆和材料。

⑦ 在人行上山修护过程中,距离喷浆点20 m内安设一道净化喷雾装置,以起到净化风流作用。净化喷雾装置要确保完好,不用时必须关闭,并且要随着修护工作的前移而跟进移动。

⑧ 必须装有甲烷断电仪,瓦斯浓度≥0.5%时,能迅速切断电源,立即停止运行,并断电闭锁;瓦斯浓度降到0.5%以下时,喷射机方可恢复使用。

## 6.4.5 "卸压槽"设计方案

(1)卸压槽设计参数

根据现场实地查看,与技术人员沟通,决定在二水平采区上山底板中央新开凿卸压槽(或卧底后重新铺设水泥地坪时预留卸压槽)。卸压槽宽×深=400 mm×500 mm。先选择一定距离作为试验段,如果效果良好,再加以推广。

底板铺设水泥地坪时,预留卸压槽,槽内以锯末或细砂充填。或者采用风(手)镐进行人工挖掘卸压槽。挖掘前,必须确保顶板稳定、无细小矸石掉落,并停止人行猴车运转。挖掘卸压槽时应沿着底板中央的裂隙或软弱面进行。使用风镐时,必须把压风胶管上紧,并且要随时检查以防压风胶管脱落伤人。风镐尖严禁对准人,检修风镐时把压风胶管内的压风放净后方可工作。

(2)卸压槽卸压效果监测

试验段卸压槽施工结束后,每隔5 m设置一组卸压槽位移观测点,记录卸压槽宽度初始值。在上覆采煤工作面正式回采之前,每3 d进行一次卸压槽位移观测;当上覆工作面正式回采后,根据底板上山巷道变形情况,每天进行一次卸压槽位移观测。记录卸压槽随上覆采动应力影响其宽度变化情况,掌握富水泥质上山围岩变化破坏规律。

## 6.5　本章小结

本章主要结合芦岭矿二水平采区上山的富水泥质围岩工程地质水文条件,对该类巷道的失稳机理进行了系统分析,并根据巷道围岩监控指标,进行了富水泥质巷道差异性分类,提出了针对性的分类分区域稳定性控制对策。取得了如下结论:

(1) 根据岩石物理力学参数测试、岩体基本质量指标 BQ 值、松动圈及顶板离层值监测,将芦岭煤矿富水泥质巷道不同区域围岩类型划分为三类,即:亚稳定型(Ⅲ类)、失稳渐变-趋稳型(Ⅳ类)、失稳渐变-垮冒型(Ⅴ类)。

(2) 针对富水泥质巷道锚固失效重大技术难题,构建了以"锚杆桁架"组合支护技术、注浆锚索补强关键技术、"外喷内注"原位改性围岩控制技术为主的分区域差异性分类控制技术体系。

① "锚杆桁架"组合支护技术。半封闭及全断面封闭桁架控制技术是一个多层次多结构的综合支护体系,它以锚杆主动支护理念为指导,以主筋、副筋为支护抗体,以配筋为载荷传递承载体,构成"锚杆桁架"组合支护抗体,释放采动叠加应力,持续提高富水泥质软岩巷道围岩自身整体强度和稳定性,从而实现在较长时间内增强和保护泥质软岩巷道支护稳定性的目的。

② 注浆锚索补强关键技术。将注浆锚固锚索和树脂锚固锚索合二为一,取长补短,并通过提高注浆压力,使浆液在充满钻孔、实现全长锚固的同时,向钻孔周围岩石裂隙中扩散,对富水泥质围岩起到黏结固化作用,实现深孔锚注。针对芦岭煤矿二水平采区上山富水泥质围岩变形破坏特点,采用了中空注浆锚索关键控制

技术。现场应用表明:巷道顶底板及两帮移近量均较小,巷道整体维护效果良好;围岩完整性较好,基本能保持稳定,说明采用中空注浆锚索强化加固的关键支护技术能有力控制受顶板裂隙水影响下泥质巷道围岩的稳定性和整体性,支护方案达到了预期的目标,控制变形效果较好。

③"外喷内注"原位改性围岩控制技术。架设桁架后,巷道围岩表层配合喷浆层,提供高度密贴岩面的"桁架喷浆层"支护抗体,阻水防渗,限制围岩强度衰减裂化进程,同时,外层喷浆与注浆锚索深层内注相互耦合,在稳压状态下向泥质岩体内注入高强度浆液,将松散软弱的泥质岩体置换为注浆结石加固体,持续提高富水泥质软岩巷道围岩自身整体强度和稳定性。

(3)在围岩差异性分类基础上,实施分类控制对策,即:Ⅲ类围岩采用现有支护方式;Ⅳ类围岩采用优化的"锚杆与桁架组合支护+注浆锚索"支护方式;Ⅴ类围岩采用"锚杆与桁架组合支护+注浆锚索+卸压槽"固卸联合控制对策。工业性分段实践效果表明,Ⅳ类围岩采取优化支护参数的方案后,围岩变形呈现整体趋稳状态;Ⅴ类围岩采用"固卸"联合控制对策后,围岩状态由失稳渐变-垮冒型(Ⅴ类)转变为失稳渐变-趋稳型(Ⅳ类),确保了富水泥质巷道危险区域围岩稳定及安全使用。

# 7 结　　论

本书围绕"煤矿富水泥质软岩巷道围岩失稳垮冒"这一科学问题,将支护失效机理同泥质围岩属性与裂隙水相结合,采用理论分析、固流耦合相似模拟及现场实测的综合研究手段,基于新研制的防水型相似模拟材料和富水泥质围岩固流耦合试验装置,系统研究了富水泥质巷道围岩变形破坏规律及失稳垮冒发生机理。理论研究成果在淮北矿业集团芦岭煤矿富水泥质巷道围岩失稳机理及稳定性控制中进行了应用,为国内类似地质条件下富水泥质软岩巷道围岩失稳机理研究及防治技术提供了理论依据。

(1) 富水泥质围岩变形破坏规律及失稳垮冒机理方面的研究成果

① 根据相似理论,在固体模型材料配比基础上,使用石蜡、凡士林作为主要胶结材料,研制了具有良好抗渗性、非亲水性、低强度(0.1~0.5 MPa)的石蜡基(5%~8%)固流耦合相似模拟材料,组分包括细砂、碳酸钙、石膏、石蜡、凡士林。性能测试结果表明该石蜡基相似材料耐水性和抗渗性较好,可以满足富水泥质围岩固流耦合相似模型试验要求。

② 设计并制造了富水泥质围岩固流耦合相似模拟试验装置,提出了气压精准调控水压和覆岩固流耦合模拟开采的关键技术,实现了浅埋富水区域泥质围岩气液联动相似模拟,为研究富水泥质巷道围岩裂隙演化及局部失稳影响因素定量分析提供了基础试验平台。

③ 根据精密位移传感原理研制了巷道顶板离层模拟试验监

测装置,由离层监测组件、离层位移传导组件和离层位移传感监测记录显示组件三部分构成。与富水泥质围岩固流耦合相似模拟试验装置配套使用,实现了富水泥质围岩固流耦合相似模拟巷道开挖顶板离层的实时精准监测,为潜在失稳富水泥质巷道离层突变失稳判据及合理补强支护时机的确定提供了试验条件。

④ 应用上述相似材料和试验装置,开展了典型矿井富水泥质巷道变形失稳及顶板离层相似模拟试验,研究了富水泥质巷道顶板离层渐进发育至突变致灾演化全过程并提出离层安全临界值节点判据,研究表明:a. 离层划分为渐变趋稳型离层和突变致灾型离层两类;b. 离层渐进发育至突变致灾演化全过程可划分为裂隙发育离层孕育阶段、离层急剧扩展阶段、离层渐进趋稳阶段和离层突变垮冒四个阶段;c. 离层值达到渐变趋稳临界值之前,即刻进行合理补强支护能维持巷道围岩稳定,若仅依靠现有支护方式,当离层值达到突变致灾临界值后,巷道将发生失稳垮冒事故。

⑤ 锚固体-泥质围岩界面失效机理力学分析表明,富水泥质巷道长期受渗流水影响,岩体强度衰减弱化,锚固体-泥质围岩界面的滑移脱黏失效过程依次经历弹性阶段、滑移阶段和脱黏阶段;锚固体-泥质围岩界面应力分布特征和离层位置关系密切,锚杆轴向受力随离层宽度增大而呈指数上升,引发界面滑移脱黏,脱黏区域逐步扩大则进一步导致支护强度随之下降;当离层发生在锚固体尾部(即靠近巷道围岩表面)时,深部锚固岩体所受影响较小,仍能提供较稳定支护强度,离层发生在中部时次之,而离层发生在端部时,对锚固体的长时稳定最为不利,难以达到安全合理的顶板支护强度。

⑥ 利用层次分析法(AHP)研究富水泥质巷道失稳倾向性影响因素,得出巷道围岩条件、支护体工作状态、掘进与管理水平三大因素 14 个影响指标的权重值,并进行巷道失稳倾向性主导因素排序:预应力(0.218)、支护强度(0.181)、锚固力(0.150)、顶板离

层(0.13)、顶板淋水(0.0737)。由富水泥质巷道失稳倾向性监控指标排序结果可知,应有效发挥预应力主动支护效应,提高整体支护强度和单根支护体的锚固力,监测控制顶板离层,消除顶板淋水,以确保富水泥质巷道围岩长期稳定。

(2) 富水泥质围岩稳定性控制方面的研究成果

① 结合典型矿井富水泥质围岩工程地质水文条件,对该类巷道的失稳机理进行了系统分析,并根据岩石物理力学参数测试、岩体基本质量指标 BQ 值、松动圈及顶板离层值,将典型富水泥质巷道不同区域围岩类型划分为 3 类,即:亚稳定型(Ⅲ类)、失稳渐变-趋稳型(Ⅳ类)、失稳渐变-垮冒型(Ⅴ类)。

② 针对富水泥质巷道锚固失效重大技术难题,构建了以"锚杆桁架"组合支护技术、注浆锚索补强关键技术、"外喷内注"原位改性围岩控制技术为主的分区域差异性分类控制技术体系。a."锚杆桁架"组合支护技术以锚杆主动支护理念为指导,以主筋、副筋为支护抗体,以配筋为载荷传递承载体,构成"锚杆桁架"组合支护抗体,释放采动叠加应力,实现在较长时间内增强和保护泥质软岩巷道支护稳定性的目的。b. 注浆锚索补强关键技术,使浆液在充满钻孔、实现全长锚固的同时,向钻孔周围岩石裂隙中扩散,对富水泥质围岩起到黏结固化作用,有力控制受顶板裂隙水影响下泥质巷道围岩的稳定性和整体性。c."外喷内注"原位改性围岩控制技术,巷道围岩表层配合喷浆层,提供高度密贴岩面的"桁架喷浆层"支护抗体,阻水防渗,限制围岩强度衰减裂化进程,同时,外层喷浆与注浆锚索深层内注相互耦合,在稳压状态下向泥质岩体内注入高强度浆液,将松散软弱的泥质岩体置换为注浆结石加固体,持续提高富水泥质软岩巷道围岩自身整体强度和稳定性。

③ 在围岩差异性分类基础上,实施分类控制对策,即:Ⅲ类围岩采用现有支护方式;Ⅳ类围岩采用优化的"锚杆与桁架组合支护＋

注浆锚索"支护方式；Ⅴ类围岩采用"锚杆与桁架组合支护＋注浆锚索＋卸压槽"固卸联合控制对策。工业性分段实践效果表明，Ⅳ类围岩采取优化支护参数后，围岩变形呈现整体趋稳状态；Ⅴ类围岩采用"固卸"联合控制对策后，围岩状态由失稳渐变-垮冒型（Ⅴ类）转变为失稳渐变—趋稳型（Ⅳ类），确保了富水泥质巷道危险区域围岩稳定及安全使用。

# 参 考 文 献

［1］缪协兴,刘卫群,陈占清.采动岩体渗流理论［M］.北京:科学出版社,2004.

［2］杨天鸿.岩石破裂过程渗透性质及其与应力耦合作用研究［D］.沈阳:东北大学,2001.

［3］高海鹰,夏颂佑.三维裂隙岩体渗流场与应力场耦合模型研究［J］.岩土工程学报,1997,19(2):102-105.

［4］陈平,张有天.裂隙岩体渗流与应力耦合分析［J］.岩石力学与工程学报,1994,13(4):299-308.

［5］庄宁.裂隙岩体渗流应力耦合状态下裂纹扩展机制及其模型研究［D］.上海:同济大学,2007.

［6］桂和荣,陈富勇,李伟,等.芦岭矿810采区第四系含水层渗透稳定性研究［J］.煤炭科学技术,2002,30(2):32-34.

［7］CUNDALL P A. Numerical modeling of jointed and faulted rock［C］//Mechanics of jointed and faulted rock. Rotterdam: Balkema,1990,11-18.

［8］SOFIANOS A I,KAPENIS A P. Numerical evaluation of the response in bending of an underground hard rock voussoir beam roof［J］. International journal of rock mechanics and mining sciences,1998(8):1071-1086.

［9］郑春梅.基于DDA的裂隙岩体水力耦合研究［D］.济南:山东大学,2010.

［10］赵阳升,杨栋,冯增朝,等.多孔介质多场耦合作用理论及其

在资源与能源工程中的应用[J].岩石力学与工程学报，2008,27(7):1321-1328.

[11] 胡耀青,赵阳升,杨栋.三维固流耦合相似模拟理论与方法[J].辽宁工程技术大学学报(自然科学版),2007,26(2):204-206.

[12] 武强,朱斌,刘守强.矿井断裂构造带滞后突水的流-固耦合模拟方法分析与滞后时间确定[J].岩石力学与工程学报，2011,30(1):93-103.

[13] 康红普,崔千里,胡滨,等.树脂锚杆锚固性能及影响因素分析[J].煤炭学报,2014,39(1):1-10.

[14] 张农,李桂臣,许兴亮.泥质巷道围岩控制理论与实践[M].徐州:中国矿业大学出版社,2011.

[15] ZHANG N,WANG C,XU X L,et al. Anglicization of surrounding rock of due to water seepage and anchorage performance protection[J]. Materials research innovations, 2011, 15(sup1):582-585.

[16] 王志清,万世文.顶板裂隙水对锚索支护巷道稳定性的影响研究[J].湖南科技大学学报(自然科学版),2005,20(4):26-29.

[17] 薛亚东,黄宏伟.水对树脂锚索锚固性能影响的试验研究[J].岩土力学,2005,26(增刊1):31-34.

[18] 张盛,勾攀峰,樊鸿.水和温度对树脂锚杆锚固力的影响[J].东南大学学报(自然科学版),2005,35(增刊1):49-54.

[19] 王成,韩亚峰,张念超,等.渗水泥化巷道锚杆支护围岩稳定性控制研究[J].采矿与安全工程学报,2014,31(4):575-579.

[20] 许兴亮,张农.富水条件下软岩巷道变形特征与过程控制研究[J].中国矿业大学学报,2007,36(3):298-302.

[21] 勾攀峰,陈启永,张盛.钻孔淋水对树脂锚杆锚固力的影响分析[J].煤炭学报,2004,29(6):680-683.

[22] 冯增朝,赵阳升.岩体裂隙尺度对其变形与破坏的控制作用[J].岩石力学与工程学报,2008,27(1):78-83.

[23] 胡滨,康红普,林健,等.风水沟矿软岩巷道顶板砂岩含水可锚性试验研究[J].煤矿开采,2011,16(1):67-70.

[24] 李英勇,张顶立,张宏博,等.边坡加固中预应力锚索失效机制与失效效应研究[J].岩土力学,2010,31(1):144-150.

[25] 郑西贵.煤矿巷道锚杆锚索托锚力演化机理及围岩控制技术[D].徐州:中国矿业大学,2013.

[26] 王卫军,罗立强,黄文忠,等.高应力厚层软弱顶板煤巷锚索支护失效机理及合理长度研究[J].采矿与安全工程学报,2014,31(1):17-21.

[27] 贾明魁.锚杆支护煤巷冒顶事故研究及其隐患预测[D].北京:中国矿业大学(北京),2004.

[28] 贾明魁.锚杆支护煤巷冒顶成因分类新方法[J].煤炭学报,2005,30(5):568-570.

[29] 刘洪涛,马念杰.煤矿巷道冒顶高风险区域识别技术[J].煤炭学报,2011,36(12):2043-2047.

[30] 蒋力帅,马念杰,白浪,等.巷道复合顶板变形破坏特征与冒顶隐患分级[J].煤炭学报,2014,39(7):1205-1211.

[31] 李术才,陈云娟,朱维申,等.DDARF中锚杆失效及收敛判据的研究[J].岩土工程学报,2013,35(9):1606-1611.

[32] 李桂臣,张农,许兴亮,等.水致动压巷道失稳过程与安全评判方法研究[J].采矿与安全工程学报,2010,27(3):410-415.

[33] 王开元,涂敏,付宝杰,等.松散含水层下开采对覆岩承载破坏规律的影响[J].煤矿安全,2013,44(1):12-14.

[34] 蔡光桃,武伟.采煤冒裂带上覆松散土层渗透变形机理与试验研究[J].煤矿安全,2008,39(10):11-14.

[35] 张杰,侯忠杰.固-液耦合试验材料的研究[J].岩石力学与工程学报,2004,23(18):3157-3161.

[36] 杨俊杰.相似理论与结构模型试验[M].武汉:武汉理工大学出版社,2005.

[37] 王汉鹏,李术才,张强勇,等.新型地质力学模型试验相似材料的研制[J].岩石力学与工程学报,2006,25(9):1842-1847.

[38] 彭海明,彭振斌,韩金田,等.岩相相似材料研究[J].广东土木与建筑,2002(12):13-17.

[39] 马芳平,李仲奎,罗光福.NIOS模型材料及其在地质力学相似模型试验中的应用[J].水力发电学报,2004,23(1):48-51.